「町の鳥ギャラリー」

第2章 スズメ

スズメの成鳥。喉と頬の黒は成鳥の特徴。頭には茶色の帽子をかぶっている。背中の配色はかなり複雑。足は褐色で、指の数は、前に3本、後ろに1本。

アパートの鉄骨にあったスズメの巣。中がこんなに見やすい巣は珍しい。巣の撮影は子育ての妨げになるので、できるだけ避けているけれど、あまりに珍しいので撮影させてもらった。

巣立って1週間ほどのスズメの幼鳥。親鳥に比べて体の色が淡く、喉や頬の色も薄い。くちばしの根元も黄色い。数ヶ月も経つと、成鳥と見分けがつかなくなる。

秋冬に田園地帯でしばしば見られるスズメの群れ。多い時には万単位になることも。こういった群れはタカの仲間に襲われやすいが、写真の場所ならどっちから襲われても、逆側に逃げられそう。

町中の公園でよく見かけるハトは、このドバト。首のあたりは構造色といわれる発色方式になっていて、太陽の光の下で見ると、動くたびにキラキラして見える。

餌に集まったドバトの群れ。同じ1つの種なのに体色はさまざま。顔つきにも違いがあって、本気でかかれば、かなり見分けられる。

町中の少し緑が多い住宅地などで見かけるハトは、このキジバト。首のところに縞模様、背中にはうろこ状の模様がある。ドバトと違って群れるのを好まない。

カラスバト。基本的に島にしか生息してない。頭が小さめですらっとしている。カラスのようにキリリとした黒さではなく、うすぼんやりしている。初めて見るとたいてい、がっかりする。

深い山の中にいるアオバト。上面は美しい緑色、下面は虎縞模様。声が特徴的で、音は笛っぽく、節は幻惑的。山の中で一人で聴くと、すこし寂しくなる。

第4章　カラス

ハシブトガラスの構造色。太陽の光の下で見ると、黒一色とは程遠いことがわかる。古くから「鳥の濡羽色（からすのぬればいろ）」とも言われ、つややかな感じがある。

カラスのねぐら。晩夏から冬にかけては、大きな集まりとなる。1羽500g だとすると、1本の電線に数十kgの荷重。電線って強い。

ツバメ。片方の尾羽が折れている個体。向かって左がオス本来の長さで、右がメスくらいの長さ。よく見ると燕尾の裏地の模様もおしゃれ。

公園や駐車場を駆け回っていることの多いハクセキレイ。走る姿はユーモラスなので、要注目。尾を振る姿が特徴的で、その動きは、もののたとえとして使われることがある。

町の中にもいるキツツキの仲間のコゲラ。コゲラがいれば、自然度が高いといえる。気の毒なことに、せっかく木に穿った自分用の巣を、スズメに奪われることも。

第6章

都市の中での鳥と人

100万ドルの夜景をもつ函館の昼の姿。緑の林が縦横に見え、鳥の生息地になっている。

林の部分に行ってみると、そこはかつての防火帯。町の歴史が、町の景観を決め、そして棲む鳥を決めている。

ちくま新書

身近な鳥の生活図鑑

三上修
Mikami Osamu

1157

身近な鳥の生活図鑑【目次】

はじめに

この本は「鳥といえば、スズメ、ハト、カラスしか知らないけれど、家の周りにいる鳥くらいは見分けられるといいかな」と思っていらっしゃる方を対象としています。「今まで鳥になんてまったく興味がなかったけれど、趣味の一つとして、鳥を見ることを考えてもよいかな」と思っていらっしゃる方にもおすすめです。ひょっとしたら、「自分は鳥を見る趣味を持っているけれど、町の中で鳥を見ることなんて関心がない」という方にも楽しんでもらえるかもしれません。

さて、「鳥を見る」となると、つい身構えてしまいます。観察に必要な道具を買って、時間をかけて準備をして、自然豊かなところに行かなければならない、なんて思ってしまいがちです。

しかし、私たちの身の回りには、思ったよりもたくさんの鳥がいます。ある町に暮らして、通勤・通学あるいは買い物などの際に、ちょっと散歩をすれば5〜10種類くらいの鳥を見ることができます。季節によって見られる鳥は異なりますから、一年で20〜30種類になります。さらに、休みの日に家族がシートを広げてお弁当を食べているような少し大きめの公園、あるいは大きな神社などに時々行けば、合計で40種類くらいの鳥が見られます。川や池などの水辺があれば、カモやサギの仲間が見られるので、合計で50種類くらいにまで増えます。

町の中にも、これくらいの鳥はいます。どうでしょうか、ご想像よりも多くの種類がいたのではないでしょうか。

家の近くで鳥を見ることには、自然豊かなところに行って鳥を見ることよりも良い点があります。それは、じっくり見られるということです。確かに山や川に行って、鳥を見るのは素敵な体験です。しかし、そこにいる鳥たちは、人をあまり好きではないので、観察しようとする我々から、遠ざかって行きます。対して、町の中にいる鳥たちは、我々を好いているかどうかはともかくとして、人のいる環境が日常ですから、それほど人を恐れません。双眼鏡なんてなくても、手ぶらで十分観察できます。鳥のほうが我々に近寄ってくることさえあります。そのため、姿や行動、生態をじっくり観察できるのです。その姿を、お手持ちのデジカメで収めることもできるかもしれません。

そんなときのお役に立てたらと、この本を書きました。ただし、この本はいわゆる図鑑ではなく「生活図鑑」ですので、たくさんの鳥を、たくさんの写真とともに紹介するのではなく、町の中の代表的な鳥である、スズメ、ハト、カラスを中心に、その生き様を詳しく見ていきたいと思います。

これらの鳥をじっくり見ると思いがけない発見があります。「何をやっているのか」「なぜそこにいるのか」「何羽でいるのか」などがわかれば、そこから季節を感じることもできます。また、鳥の視点で町を眺めてみることで、町がどんなところかを再認識することにもつながるかもしれません。都市によって住む鳥も違います。旅行先で見たことのない鳥を見るなんて、楽しみも増やせるかもしれません。

本書では、鳥と人との関係、鳥と町との関係も考えながら、そこにわずかばかりの生態学の知識を含めて、話を進めたいと思います。

第1章

鳥にとって町はどんなところか？

1　バードウォッチャーは町嫌い？

†珍しい鳥を見たい心理

バードウォッチャーと呼ばれる人たちがいます。趣味で野鳥観察をする人たちのことです。「鳥を見るなんて良い趣味ですね」なんて思う方もいるかもしれません。

実際どんな趣味でも「良い趣味」の範囲に収まる方は、たしなむ程度に楽しんでいらっしゃる方です。通勤・通学の途中で見かける鳥に季節を感じたり、庭にやってくる鳥の名前がわかったりするのは、なかなか楽しいことです。俳句や和歌に出てくる鳥の名前を知っていて、その景色を思い浮かべられたり、日本画に描かれている鳥から、その絵で表現されている季節がわかったりするのも、なかなか乙《おつ》な能力といえます。平日、仕事をしながら、「今度の週末は、どこそこに行って、あの鳥を見よう」とにやにやしているくらいなら、まだ「良い趣味」の範疇といえます。

しかし、やっぱり、どの道にものめりこんでしまう方はいるものです。中には、数年に一度しか見られない珍しい鳥が見られるという情報を入手すると、親戚に不幸があったことにして休みを取り、わざわざ北海道やら九州に鳥を見に行く方もいます。

なぜ「珍しい鳥」が存在するかといえば、鳥は空を飛べますから、本来は日本にいない鳥が、たまたま迷って日本にやってくることがあるのです。たとえば、中国に生息しているけれど、日本にはいない鳥、それが一年に一度だけやってくるということがあるのです。十年に一度、時には、今まで日本では一度も記録されたことのない鳥がやってくることもあります。

なぜバードウォッチャーが珍しい鳥を見たいかというと、見たことのないものを見たいという心理からでしょう。さらには、自分が一生のうちに、何種類の鳥を見ることができるかを追求する人たちもいます。あたかも預金通帳にお金が貯まっていくのを楽しみにするかのように、自分がこれまで見た鳥の種数が増えることを楽しみにしているのです。つまるところコレクターと同じといえるかもしれません。

「鳥なんて動物園やペットショップで見られるじゃないか」とお思いの方もいるでしょう。しかし、そういったところで見たものは数に含めないのがお作法となっています。「自然の中にいる鳥を見てこそ」だからです。

なので、珍しい鳥がどこそこに出たという情報を入手すると、見に行ってしまうのです。なんの変哲もない田園地帯に、何台もの車、何十人ものバードウォッチャーが望遠鏡や望遠レンズ付きカメラを構えてずらりと並んで鳥を見ていたりすることもあります。

†バードウォッチャーは町の鳥には興味がない？

そんな特異な生態を持つバードウォッチャーですが、彼ら彼女らが鳥を見に行くところは、山や川、湖沼《こしょう》や海、湿地や農村地帯などの、自然が豊かなところです。なぜなら、たくさんの種類の鳥が見られるからです。

自然のあるところに鳥がたくさんいるのなんて当たり前のような気もしますが、もう少し理屈をこねてみます。

鳥に限りませんが、生き物というのは、種ごとに生活している場所が異なります。森に住んでいる鳥、川辺に住んでいる鳥といろいろです。森に住んでいる鳥の中にも、樹木の高いところに枝を編んで巣をつくる鳥もいれば、樹木の幹にたまたま空いた穴に巣をつくる鳥もいます。キツツキのように、わざわざ自分で樹木に穴を穿《うが》って巣をつくる鳥もいます。樹の下に生えている藪の中に、草を編んで巣をつくる鳥もいます。

食べる物も種によって異なります。植物を専門に食べる鳥が何種かいますが、その中にも種子を食べるものもいれば、花の蜜を吸うものもいます。種子を食べる鳥の中にも、松ぼっくりの種子を食べるもの、甘さのある木の実を食べるもの、お米を食べるものと、いろいろいます。同様に昆虫を食べる鳥の中にも、飛んでいる昆虫を好んで食べるものもいれば、樹や葉っぱについている虫を丹念に探して食べるもの、地上にいる虫ばかりを食べるものもいます。

くどくなりましたが、自然あふれるところにたくさんの鳥がいるのは、多様な環境・地形があり、それに応じて、生息している植物や昆虫の種類や個体数が多いので、それを利用する鳥の種類も増えるという理屈です。

だからバードウォッチャーは、山や川に行くのです。それに、山に行けば、空気はおいしく、騒音もなく、風は涼やか、いいことばかりです。それがゆえに、多くのバードウォッチャーは、町の中にいる鳥には目を向けません。町の中にいる鳥は、いつでも見られるからです。「わざわざ、人がたくさんいるようなところで見る必要もあるまい」ということになるわけです。

†町の中にも鳥はいる

私もバードウォッチャーですので、自然の中に鳥を見に行く楽しさはわかります。ですが、それは、バードウォッチングの楽しみの半分くらいを捨てていることになりかねません。というのも、実は、町の中で鳥を見ることには、自然の中で鳥を見るのとは、異なる利点・楽しさがあるからです。

第一に、手間暇かけずに見られます。

第二に、多くの鳥が自然の中にいるのに対し、町の中にいる鳥は、あえて好き好んで町の中にいます。その理由を考えていくと、町の中にいる鳥たちは、町をうまく利用していることが見えてきます。そこから町とはどんな環境かを見直す機会にもなります。

第三に、町の中にいる鳥は、人を意識して生活しているので、自然の中にいて、人を避けようとする鳥たちとは違った、たくましさ、いじらしさ、対応力があります。それがおもしろいのです。

第四に、身近にいる鳥だからこそ、我々の文化と深く関わりがあります。言葉の中を探しても「スズメ」を含んだ言葉は、数十以上あります。たとえば「スズメの涙」といえば、わずかな量のものを表します。山の中にはスズメより小さなミソサザイという鳥がいますが、「ミソサザイの涙」といっても、なんのことやらわかりません。「スズメ」だからこそ、言葉にしたときに伝わりやすいのです。こんな風に文化との関わりという視点で町の中の鳥を見るというのも乙なものです。

町の中で鳥を見ることには、こんなにたくさんの良い点があります。本書では、「鳥なんてスズメとハトとカラスしか知らない」という方に、以上のような観点で町の中にいる鳥たちを見る楽しさをお伝えすることを目的としています。なぜ、町の中にいる鳥とそうでない鳥がいるのか、その鳥たちにはどんな歴史があるのか、についても触れていきます。

全体の構成としては、この後、少しだけ鳥に関する全般的な知識をご紹介し、つづいて日本全国ほとんどどこでも見られる、スズメ、ハト、カラスについて、詳しくお話ししていきます。少しだけ、それ以外の鳥についても触れ、最後は、町の中で、鳥とどんな風に付き合えばいいいかという話で締めくくります。

2　鳥についての基礎知識

†日本にいる鳥

まず、日本にいる鳥全般の基礎知識について触れておこうと思います。そうすることで、日本にいる鳥のうち、どれくらいのものが、町の中にいるのか見えてくるからです。ただし、ここからの話は少々堅苦しくなります。読み飛ばして、第2章に進んでもらっても構いません。

日本には約600種の鳥がいます。しかし、常時これだけの鳥が生息しているわけではありません。日本にいる鳥は、一年中いる鳥と、ある特定の季節にだけ見られる鳥に分けることができます。前者を留鳥《りゅうちょう》、後者を渡《わた》り鳥《どり》といいます。渡り鳥の中には、夏にだけ見られる鳥、冬にだけ見られる鳥、春と秋にだけ見られる鳥がいます。

構造としてはこうです。

留鳥
渡り鳥（夏鳥、冬鳥、旅鳥）

これらを順に説明していきます。説明しやすさのために、渡り鳥から始めます。

†夏鳥

渡り鳥のうち、日本において夏にだけ見られる鳥を夏鳥《なつどり》といいます。夏といっても、真夏にだけ見られるという意味ではありません。4月くらいから10月くらいにかけて見られる鳥のことを指します。春になって暖かくなると南から日本に渡ってきて子育てをして、寒くなる前に、また南へ帰っていく鳥たちです。

代表的な夏鳥はツバメです。ツバメは、サクラが咲く少し前に日本にやってきます。そして、日本で子育てをして、秋になると東南アジアへと帰っていきます。

カッコウやホトトギスも夏鳥です。ホトトギスは、最近はなかなかお目にかかりませんし、声を聞く機会も少なくなりましたが、昔は季節を告げる鳥でもありました。江戸時代には、夏の訪れを詠んだ「目には青葉　山ホトトギス　初鰹《はつがつお》」という句もあります。

写真1　夏の訪れを感じさせるホトトギス

✝冬鳥

冬鳥《ふゆどり》は、夏鳥と逆に、冬になると日本にやってきて、春になると北の地方に帰っていく鳥たちです。たとえばハクチョウ、たとえばカモ、たとえばガンがそうです。これらの鳥は、シベリアなど日本より北の地域で繁殖をします。しかし、それらの地域は冬を越すには苛酷すぎるので、日本に避暑ならぬ避寒のためにやってきます。そして、春になるとまた北へと帰っていくのです。

冬鳥といえば、これらの大型の鳥たちを思い浮かべがちですが、小鳥もいます。姿は知らずとも名前だけは聞いたことがあるかと思いますが、ツグミなどがそうです。彼らは日本で冬を過ごし、シベリアなどで繁殖をします。

†旅鳥

渡りをする鳥の中には、日本では繁殖も越冬もせず、日本を中継地としてのみ利用するものもいます。どういうことかというと、日本より南の地域で冬を過ごし、日本より北の地域で繁殖をするのです。そうすると、春と秋の行き帰りに日本を通過することになります。これらを旅鳥《たびどり》と呼びます。代表的な旅鳥は、シギやチドリと呼ばれる鳥たちです。これらの鳥は、春秋に、湖沼、砂浜、田圃《たんぼ》などの湿地で餌を採り、羽を休めつつ移動を続けます。

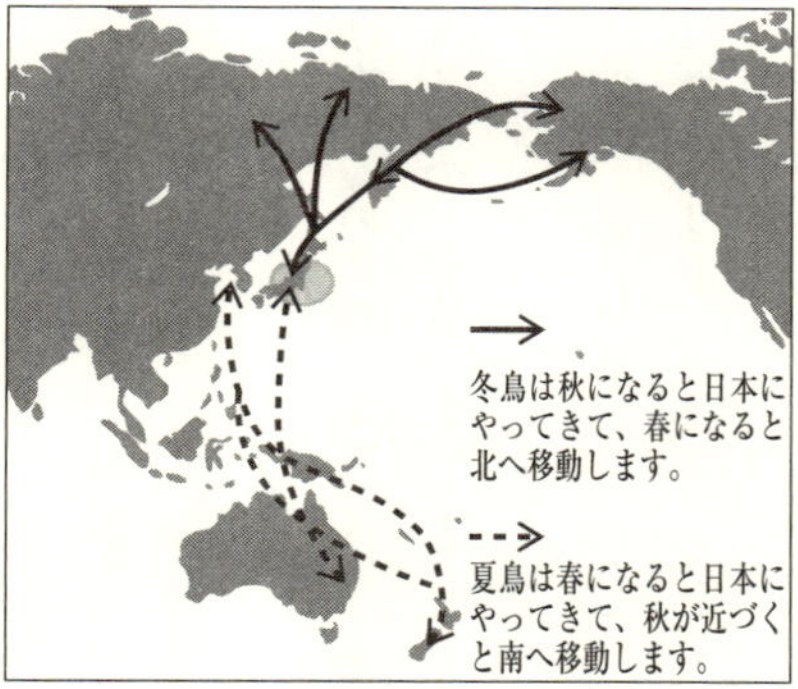
冬鳥は秋になると日本にやってきて、春になると北へ移動します。
夏鳥は春になると日本にやってきて、秋が近づくと南へ移動します。
図1　冬鳥と夏鳥の渡りのコース

†留鳥

そして、こういった渡りをしない鳥たち、つまり一年中、日本にいる鳥たちを留鳥といいます。なんだかこちらのほうが、渡りという危険な行為をしなくてよいので、楽な気もします。実際、そういう面はあるでしょう。しかし、渡り鳥は移動することによって、一年を通して自分に適した気温のもとに身を置けます。対して留鳥は、夏の暑さと冬の寒さを、同じ体で乗り越えなければいけません。その分、苦労もあるのだろうと思います。

なお、留鳥と呼ばれる中にも、一年中まったく同じ場所にいるものから、日本国内を移動するものまでいます。たとえば北海道のスズメには、両方のタイプがいます。北海道のスズメの一部は、秋になると本州に渡って春になるとまた北海道へと帰っていきます。つまり日本国内では、小規模な渡り鳥としてふるまっているのです。

留鳥、渡り鳥という言葉は、それほど厳密ではありません。日本全体で見れば、スズメは留鳥ですが、北海道で見れば、一部は留鳥、一部は渡り鳥となります。

†都市は新しい環境

3 鳥にとって都市は住みやすい環境?

渡る鳥、渡らない鳥を含め、日本では、合計で600種もの鳥が確認されています。このうち一部の鳥が町の中で暮らしています。何種見られるかというと、「はじめに」でも書きましたが、一年を通して50種くらいの鳥が見られます。

では、鳥たちにとって、町はどんな環境なのでしょうか。町という言葉では、少し曖昧なので、より正確に都市という言葉を使って、都市の環境の特徴について見ていきます。

都市とは、それまで森林や草原や湿地だったところを、人が暮らしやすくするために造り変えた場所です。そのため都市は、この地球上に、ごく最近誕生した新しい環境と言えます。地球が誕生してから46億年、いつからのものを都市と言うか明確な定義はありませんが、せいぜい1万年、近代化した都市という意味では、200年、あるいは数十年前に誕生した環境です。

ほんの数十年前まで、生態学者の多くにとって、都市とは自然からかけ離れた異常な場所であり、研究する対象ではありませんでした。彼ら彼女らは、なるべく人の手のかかっていない、本来の自然に近い場所で研究をしようとしていたからです。

しかし、生態学者も次第に「都市には都市独自の性質がある」という観点を持つようになってきました。森林に「樹木を基盤とした、さまざまな生物のつながりを持つ森林生態系」があるように、都市にも、「都市独自の都市生態系」があると考えて、研究するようになってきたのです。今では、森林、砂漠、河川と同じように、都市も、同列に扱える環境の一つとみなすことが普通になっています。

†どこからどこまでが都市か

都市の環境の特徴を考え始めるには、まずは、どこが都市なのかを定義しなくてはなりません。定義はいろいろとあります。代表的なものは、「人口密度がある基準以上だったら都市とする」というものです。人口密度以外にも、建物の密度や舗装地面の割合を判断基準に使うこともありますし、これらを複合的に用いる場合もあります。しかし、統一的に使われている定義はありません。

なぜなら、すべての状況をうまく説明できるような定義がないからです。特に、国によって都市とみなされる景観が違います。たとえば、カナダで使われている、ある都市の定義を日本に適用すると、「ど」がつく田舎も都市になってしまいます。

都市とは大ざっぱに言えば、人がたくさん住んでいて、人工的な構造物が多いところと言えます。ですので本書で都市といったら、あまり厳密に考えずに、いわゆる商業地や住宅地などの町の中をイメージしてもらえればと思います。

都市の定義は曖昧なままですが、それでも、都市がどのような環境であるか、鳥の視点で考えてみます。

†天敵フリー空間

都市の最大の特徴は、「ある一つの種」が、空間のほとんどを独占していることです。地球上では他にこんな空間はありません。その「ある一つの種」とは、ホモサピエンス、つまり我々のことです。こんなに人が密集している環境は他にありません。

人がいるゆえに、都市には、森林や河川には見られない、さまざまな特徴があります。

都市は、人がいるために、イタチ、キツネなどの哺乳類、ヘビなどの爬虫類、そして、大型のワシやタカなどが少ない環境です。これらの生物は、小さな体を持つ小鳥にとっては天敵となりうるので、それらが少ない都市は小鳥にとって安心して暮らせる場所となっています。

「けれど、都市の中にはネコがたくさんいるのでは？」とお思いの方もいるでしょう。実際、海外の研究では、ネコを都市生態系の上位捕食者と位置付けていることもあるくらいです。一方、日本では、ネコによる小鳥の捕食を詳細に調べた研究がないので何とも言えません。極端にネコが多い場所では、ネコによる小鳥への捕食圧は高いかもしれません。しかし、普通の町の中では、ネコの密度から考えて、ネコによる小鳥への捕食圧は、自然界における、その他の天敵による捕食圧よりも、小さいだろうと思われます。

植物についても、特徴があります。数キロメートルの規模で、都市と山を比べれば、当然、山のほうが多くの植物種を内包しています。しかし、狭いスケールで考えると、都市のほうが多くの種がいるという場合があるのです。たとえば、大きな都市公園にある植物園では、狭い面積に、自然界ではありえないくらいたくさんの種類の植物が、人の手で植えてあります。日本産のものだけではなく外国産のものもたくさんあります。そのため、「都市＝生き物の種類が少ない」とは、簡単には言えません。

また都市では、特定の数種の植物が固まって生えていることがあります。たとえば、道路際に、街路樹として、同じ種類の樹木がずらっと並んでいますが、自然環境で、同じ樹種だけが並ぶというのは、そうあることではありません。これも都市の特徴です。

†都市は安定した環境

都市の物理的な環境も、自然環境のそれとは大きく異なります。

生き物の足場となるところを基質《きしつ》といいますが、都市は基質が安定した環境といえます。自然環境では、台風などで、大規模に樹が倒れたり、川の流れが大きく変わったりすることがあります。そういったところにいた鳥たちにとっては、一夜にして、自分の営巣場所や餌場の状況が変わってしまいます。もちろん、都市も、台風による被害はあります。しかし、それでも相対的に見れば、都市全体は安定しています。なぜなら、そうならないように、人が管理しているからです。

気温についても、変化が小さい傾向があります。都市はヒートアイランドによって、夏は暑くなりすぎる傾向があって、これはこれで生き物にとっては大変だとは思います。しかしこのことは、真冬にはむしろ好都合です。というのも、小鳥のように体が小さな生き物にとって、寒さは死活問題だからです。餌が採れず、寒い日が続けば、体の中で熱をつくり出すことができないので死んで

表1　小鳥にとって都市はどんなところか

	都市環境	自然環境
天敵	少ない	多い
餌	少ない	多い
冬の気温	暖かい	厳しい
水	豊富	地域によっては少ない
巣を作れる場所	小さな穴は多いが、藪は少ない	多い

しまいかねません。しかし、都市の冬は自然環境に比べて気温が高く、小鳥たちは熱を発生している建物の外壁などに止まることで、体温の低下を抑えることができるはずです。

都市は、水が安定して供給される場所でもあります。噴水などがあれば、そこに行けば確実に水を得られます。ただし、この点に関しては、雨の少ない気候帯での利点であって、日本にはあまり当てはまらないかもしれません。

†都市に住める鳥と住めない鳥

このように都市の環境は、自然の環境とは異なる性質を持っています。一部の鳥種たちは、この環境にうまく適応して、都市に生息しています。

しかしながら、都市に生息している鳥の種数が自然界に比べ少ないということは、都市には住めない鳥種もたくさんいるということです。どんな鳥種が住めないかといえば、まず、人を恐れる鳥にとっては、決して落ち着ける場所ではありません。それから、昆虫を食べる小鳥、トカゲやネズミを捕まえるようなワシタカの仲間にとっては、都市は餌が少ないので住めない空間です。また、大きな木の洞を巣として使うフクロウや、藪の中に巣をつくるウグイスなどにとっても、やはり都市は生息しにくい環境です。

このように、それぞれの鳥種が持っている、食べるもの、巣をつくる場所などの性質によって、都市に住めるかどうかが決まります。

カラスの仲間は都市に住める素地を持っているといえます。カラスの仲間は、本来、山野にある樹に巣をつくり、その周辺で餌を採っていました。今でも山野にいますが、一部のカラスは、道路際の街路樹に巣をつくり、ごみを漁ることで、都市の中にも適応しています。都市の中で見られる鳥種の多くは、このように、自然環境でも生息しながら、都市に生息できる素地を持っているので、都市にも生息しています。

一方で、都市という環境ができてから時間が経ったためか、都市の中でしか生息できなくなった種もいます。スズメ、ハト（正確にはドバト）、ツバメなどがそうです。これらの鳥は、天敵から身を守るために、人家や人がつくった構造物に巣をつくる戦略を進化させてきました。結果、人がいない場所では、もはや生存できなくなっているといえます。人が絶滅したら、一緒に絶滅してしまう鳥たちかもしれません。

†都市のどんなところに鳥がいる？

都市の中で生活できる鳥でも、都市の中ならどこにでもいるというわけではありません。

駅前のビル街のようなところにいるものもいれば、庭があるような住宅地を好むものもいます。都市の中にある公園にのみ生息する種もいます。

どこにいるかは、それぞれの種の性質によって異なりますが、大まかな傾向として、都市の中心部から郊外に行くほど生息している鳥の種数は増えていきます。郊外に向かうほど緑が増え、それだけ環境が多様になるからです。

それから、都市の中にポツンと島のように浮いている公園などにもたくさんの鳥がいます。もしインターネットで、グーグルアースなどの航空写真が見られる状況にあるなら、ぜひ、自分が住んでいる町を俯瞰してみてください。すると、コンクリートで固められた灰色の基調の中に、点々と緑の島が見つけられると思います。それらの緑の島は、木々が固まったところです。大きなものは、城跡だったり、神社だったりします。それ以外にも、寺、学校、公園、あるいは川沿いに、緑の島が見つけられます。鳥たちは、こういうところにたくさんいます。木に巣を架けたり、そこにいる餌を採ったりすることができるからです。緑の島の規模が大きくなるほど、それだけ、藪を含んだり、水辺を含んだりするので、観察できる種数が増えていきます。

同じ場所でも、見られる種数は季節によって異なります。それぞれの種の生息場所の選

図2　緑の島が鳥たちの生息地になっている

写真2　大きな樹のある神社は良い観察ポイント

択は、春から夏がもっとも強くなります。というのも、春から夏にかけて、鳥たちは子育てをしますから、「巣をつくって子育てができる」環境が必要になるからです。スズメやツバメのような鳥は、先に書いたように人家に巣をつくって子育てをしますので、巣をつくれる人家と、餌を採ることができる公園などの場所がセットで必要です。カラスの場合は、巣をつくれる街路樹と、餌場となるゴミ捨て場がセットとして必要になります。

一方、冬は、巣をつくる、子育てをする、という制約から解放されます。各個体が、自分が食べていけるだけの餌さえ確保できればよくなります。そのため、小さな公園でも、見られる種数が増えるのです。

全体としてはこのような傾向ですが、それぞれの鳥の特性を考えるともっと複雑になります。次の章からは、都市に生息する代表的な3種、スズメ、ハト、カラスの生態と人との関わりについて目を向けていこうと思います。

コラム

●ホトトギスは庭の鳥？

ホトトギスの訪れによって季節を感じるのは、平安時代から始まっています。学校の古典の授業などで習ったことがあるかもしれませんが、平安時代に、貴族が自宅の庭で夜通しホトトギスの初鳴き（その年、初めての鳴き声を聞くこと）を楽しむ姿などが描かれています。初夏の訪れが待ち遠しかったのでしょう。

百人一首にも次のような歌があります「ほととぎす鳴きつる方を眺むればただ有明の月ぞ残れる」（ホトトギスが鳴いた方を眺めると、ホトトギスの姿は見えず、ただ明け方の空に、月が淡く残っているばかりだった）。

ホトトギスの鳴き声がどんなものかを文字で表現するのは難しいのですが、「キョッ、キョッ、キョキョキョキョキョ」で、後半部分が少し早口で、上がり下がりします。柳田國男《やなぎたくにお》の『遠野物語』では、少々物騒ですが「包丁かけたか（立てたか）」と聞き取る話が出てきます。私が知る限り、これがもっともホトトギスの鳴き声を言葉に表したときに合っている気がします。

ちなみに、鳥に詳しいことを自称していた私は、中学生時代、古典に出てくる貴族が庭でホトトギスの初鳴きを楽しむ話が理解できなくて、母に質問したことがあります。家の庭を指して、「ホトトギスがこんな庭にやってくることはない。国語の先生は、なにか別の鳥と勘違いしてるんじゃないか？」と。母はカラカラと笑っていいました。「平安貴族の住んでいる庭がこんなに狭いわけないいじゃない」と。のちに修学旅行で平等院鳳凰堂《びょうどういんほうおうどう》に行って、船を浮かべられるような池を持った広大な庭を見て、「ああこれが、貴族の庭か」と納得しました。

●自然は不安定なほうがいい？

都市はとても安定した環境です。繰り返しになりますが、我々がそう望んで、そのように都市をつくってきたからです。

対して自然界には不安定さが付きまといます。不安定だと生き物たちは困りそうです。確かに個々の個体にとっては、安定している環境のほうが好ましいといえるでしょう。しかし、生息している種類の多さについて見ると、むしろ、不安定な環境のほうが、好ましいということになります。なぜかといえば、安定していると、決定論的に物事が進むからです。たとえば、二つの種類の生物が資源をめぐって競争していたとします。環境が安定していると、じわじわとどちらか一方の種が増えて、一方の種は、いなくなってしまいます。ところが、環境が不安定であれば、勝ち負けは、いろんな要因によってひっくり返されます。

だから、ある程度、不安定な環境のほうが、生物の種数は多いのです。

第2章

スズメ——町の代表種

1　スズメはどんな鳥？

†人のそばにいる変な鳥

　町の中の代表的な鳥といえば、やはりスズメです。離島などいくつかの例外を除けば、日本中どこでも・いつでも見られます。あの小さな体で、チュンチュン鳴いている姿は、日本人にとっては日常の風景の一部と言ってもいいかもしれません。

　しかしながら、この本を読んでいる多くの方が、スズメを「見た」ことがないかと思います。と、いたずらまじりに書いたのはこういうことです。私たちの身の回りには、スズメくらいの大きさの鳥が20種ほどいます。しかし、それに気づいてないということは、「身の回りにいる小鳥をすべてひっくるめてスズメ」と見てしまっており、スズメをスズメとしては見ていないのではないか、ということです。

　町の中にはたくさんの車やバイクが走っています。詳しい人にとっては、さっと通り過ぎた1台の車の、メーカー、車種、グレードや年式が一目でわかります。しかし、知らない人にとっては、軽自動車、白い車、バンなどの何かのくくりで判別してしまって、それ以上細かい所には気づきません。同じように、スズメと他の鳥を見分けず「小鳥」として見ていては、スズメの本性は見えてこないのではないかと思うのです。

また、スズメはあまりに身近なので、「鳥とはこういうものだ」と誤解してしまっているかもしれません。スズメは鳥の代表的な性質を兼ね備えていそうなものですが、実際のところは、鳥の中でも変わり者の部類に入ります。

写真3　サクラの木に止まったスズメ

スズメのもっとも変なところは、人のそばにいることです。前の章でも書きましたが、多くの鳥は人を恐れます。そのため、ほとんどの鳥は、山野などの自然豊かなところに生息しています。対して、スズメは人のそばで生活しようとします。

スズメのもう一つの変なところは、非常に高い密度で生息しているということです。町の中でスズメを見かけて、そこから10メートルほど歩くと、別のスズメがいます。しかし、自然豊かな山の中に行っても、同じ種の鳥に、こんなに高い頻度で出会うことはありません。それぞれの鳥は、住み場所や餌を守るために、ある程度、距離（縄張り《なわばり》）をもって生活しているからです。

町の中にいる鳥だから高い密度でいるかといえば、そうでもありません。町の中には、スズメと同じくらいの大きさの鳥として、シジュウカラやハクセキレイがいますが、彼らの生息密度は、スズメよりもずっと低いのです。スズメは、一般的な鳥の密度に対して、数倍から10倍くらい高い密度で生息しています。なぜこんなにも密度が高いのかはわかりませんが、スズメは、スズメ同士で縄張り争いなどしませんから、個体同士の争いに投資するエネルギーが少ない分、単位面積当たりの個体数が多いのかもしれません。

†手のひらサイズ

ついつい知ってるつもりになってしまうスズメの正体をよく知るために、スズメの姿を詳しく見ていこうと思います。まずは大きさです。

スズメといえば、その字のごとく小さな鳥です（雀という漢字は、鳥を表す部首である

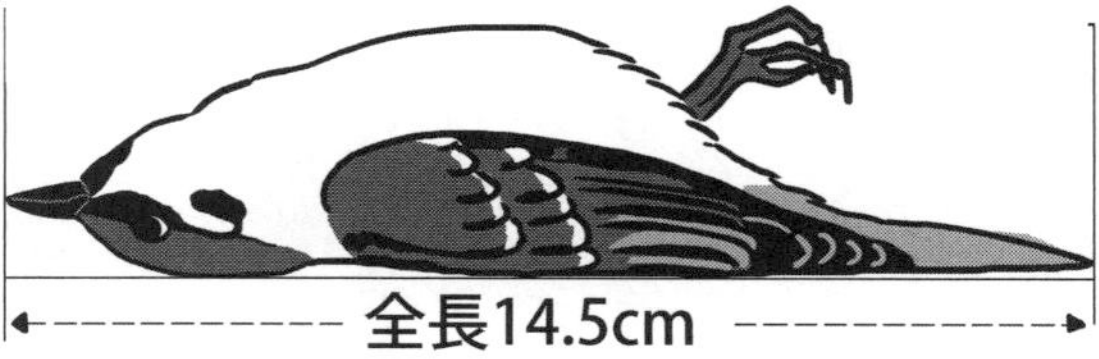

図3　スズメの全長（2分の1に縮小）

「ふるとり」に、小が乗っています）。でも多くの方は、スズメの大きさをおそらく大きいほうに誤解していると思います。実はスズメは、大きな手をお持ちの方なら、その姿をすっぽり手の中に隠せてしまうくらい小さいのです。

スズメの大きさを図鑑で調べると、全長14・5センチメートルと書いてあります。鳥の「全長」とは、鳥を仰向けに寝かせて、あごを上げさせて、くちばしを床につけるくらいにまで伸ばした状態で、くちばしの先から尾の先までを測ったものです。そんな格好をさせたら、スズメの首が大変だと思うかもしれませんが、鳥の首の可動範囲は我々より広いので大丈夫です。なにせ鳥は手がないので（翼になってしまっています）、多くのことをくちばしで行わなければなりません。そのため首がよく動くのです。たとえば、腰の羽をくちばしで整えることができます。

14・5センチメートルは結構な大きさです。しかし、首を伸ばさず、ただ仰向けにコロッと寝かせたままであれば、スズメの頭頂から尾羽の先までは12・5センチメートルほどです。さらに、尾羽が体から4センチメートルほどはみ出ていますから、頭頂から体の部分は8・5センチメートルほどです。すると、尾羽さえなければ手のひらに十分納まる大きさになります。

長さは大丈夫だとしても、体が太くて手に収まらないような気がします。ところが、鳥の実体はかなり細いのです。普段は、羽毛によって太く見えます。特に冬は、体温を逃さないように羽毛を膨らませていて、大きく見えます。スーパーなどで、鶏肉が丸ごと売っていてずいぶん小さな印象をうけるのも、羽根がむしられた後だからです。

重さも、23グラムと思いのほか軽いものです。1円玉1枚がちょうど1グラムですから、18枚ほど封筒に入れて持ってみると（封筒が5グラムくらいあります）、実感がわくかもしれません。

†実は茶色くない

大きさの次は、スズメの色に注目してみます。

「スズメ＝茶色」というイメージがあるかもしれません。確かに茶色い部分はあります。しかし全体的には、複雑な配色をしています（口絵参照）。特に背中は、黒、濃い茶、薄い茶が混ざっています。それらの茶をうなじの白が引き立たせています。このうなじの白は、首の前までつながっていますから、スズメは首回りが一周白いのです。頬と喉の部分には、黒い斑《はん》があります。頬が白い鳥はたくさんいるのですが、黒い鳥はあまりいません。そのため、日本画などで鳥が小さく描かれていても、頬に一筆、墨がさしてあるだけで、スズメだろうと推測がつきます。

この色は、皮膚についた色ではありません。羽毛の色です。ネコを想像するとわかりやすいかもしれません。三毛とか、虎縞《とらじま》とかありますが、毛に色がついています。同じように鳥も、羽一枚一枚に色が着いています。

図4　羽毛（左）と風切羽（右）

ネコ（哺乳類）と鳥の違いは、ネコの体毛が一本の細い線だとすると、鳥の羽は小片だということです。羽根布団とかダウンジャケットから羽がでてきますが、あれに色がついています。ただし、羽根布団から出てくる羽は、やわらかいおなかの羽毛です。翼としてはそれだと役に立ちません。翼には、羽根ペンなどに使われているような、長くしなやかな硬さを持った羽が使われています。

多くの鳥では、オスとメスで羽の色に違いがあり、しばしばオスだけがきらびやかな色をしています。なぜそうなのかちゃんと説明すると長くなりますから、簡単に説明しますが、鳥では、主にメスがオスを選ぶことでつがいができます。そのため、メスの気を引けるきらびやかなオスほど子を残しやすく、その性質が息子にも伝わります。それが繰り返された結果、オスとメスで羽の色が分かれるのです。

一方、スズメはオスとメスが同じ色をしています。なぜなのかはわかりません。オスは色以外で、メスの気を引いているのかもしれません。オスとメスで、かろうじて違いがあるとすれば、喉の黒い部分の大きさです。オスのほうが、若干大きい傾向があります。といっても、捕まえて計測しなければわからないような違いですので、我々が観察してオスなのかメスなのかを見分けるのは、まず不可能です。

†スズメの膝はどこにある?

お次はスズメの骨格・形態を見ていきます。

スズメは、その体に比して、くちばしが太めの鳥です。一般に鳥のくちばしの太さや長さは、食べるものを反映しています。蜜を吸う鳥は、スッと細長く、虫を食べる鳥は、細く短めです。そして、種子を食べる鳥は太いくちばしを持っています。

たとえば、スズメと同じサイズのシジュウカラのくちばしは、虫を食べるので、スズメより細く短めです。対してカワラヒワは、堅い種子を食べる鳥なので、スズメよりももっと太いくちばしをしています。スズメはその中間の形状のくちばしを持ち、虫も種子も食べます。

普段気にもしないであろう、スズメの足についても目を向けてみます。スズメの足を思い出してみてください。何色でしょうか。指は何本でしょうか。また、おなかから、どんな風に足が出ているでしょうか？　特にどんな風に折れ曲がっているかが思い浮かぶでしょうか？　ちなみに、この折れ曲がっている方向について、大学生に描かせると、だいたい8割の学生は描き間違えます。

正解は、口絵の写真を見てもらうとわかるように、スズメの足は淡い褐色です。鳥の足は黄色いというイメージがあるかもしれませんが、黄色い足を持った鳥はあまりいません。足の指の数は4本です。前に3本、後ろに1本という組み合わせです。多くの鳥がこの組み合わせですが、キツツキのように、垂直になってがっしり木をつかまないといけないものは、前が2本、後ろが2本となっています。そして、足の曲がり方は、図5を見てもら

図5　足の曲がり方に注目

うとわかりますが、我々とは逆です。我々の膝が、体の進行方向に曲がるのに対して、スズメの場合は、体の後方に曲がっているのです。これはスズメだけではなく、すべての鳥がこのような方向に曲がっています。

「なぜ逆に」と思われるかもしれません。実は、この膝に見える部分は踵《かかと》なのです。

つま先立ちをしてみるとわかりやすいかもしれません。すると、鳥と同じようになります。つまり、我々が足の裏全体を地面につけて歩いているのに対し、鳥は、いつも、爪先立ちをしているのです。鳥では、我々の甲に当たる部分が、脛《すね》のように見える長い部分なのです。膝や太ももは、羽毛の中に隠れていて見えていません。我々でいえば、弁慶の泣き所から上が羽毛に隠れているようなものです。

2　巣づくり・子育て

穴があったら入りたい

スズメの姿を確認し終えたところで、次はその生態を見ていきます。

スズメは町の中に一年中いるような気がします。確かにその通りなのですが、その数は、季節によって大きく変わります。

もっとも数が多いのは、春から夏にかけてです。この時期、多くの鳥がそうであるように、スズメにとっても子育ての時期にあたります。ほとんどのスズメが町の中で子育てをします。そして、ヒナも巣立っていきますので、数が増えてきます。

夏を過ぎると、後で詳しく説明しますが、一部のスズメは農耕地などで過ごすようになります。そのため、町の中では個体数が減るのです。

ところで、スズメは都市の中で繁殖すると書きましたが、これについて、じっくり考えてみたいと思います。たとえば、5月ごろに、通勤・通学の道を15分歩いたとします。その途中で、1羽のスズメが道ばたで餌をついばんでいたとします。そして、もう少し進むと、今度は電柱の上でチュンチュン鳴いているスズメを見つけたとします。そうやって15分の通勤・通学路で合計6羽のスズメを見たとしましょう。

となると、この通勤・通学路の周辺には、スズメの巣が3つあるだろうと考えられます。どういうことかというと、夫婦で1つの巣があると考えれば、6羽であれば、3つの巣ということです。もちろん、6羽の中には、子育てをしていない独り者のスズメもいるかもしれません。しかし、逆に、夫婦のどちらかが卵を抱いている時期なら、見かけた6羽には、それぞれ相手がいて、6つの巣がある可能性もあります。あまりに当たり前のことなので、ついつい見逃しがちですが、子育ての時期にスズメを見かけるということは、その分、スズメが巣をかまえて繁殖をしているということなのです。

けれど、スズメの巣なんて見たことないとおっしゃる方も多いのではないでしょうか。それもそのはず、スズメの巣は、人目につかないところにあるのです。たとえば、瓦屋根の下にある隙間、戸袋、鉄骨の繋ぎ目、道路交通標識のパイプの中などです。電柱についている腕金《うでがね》という金属製の四角いパイプの中に巣をつくることもあります。

†巣探しの極意

スズメはさまざまな隙間に巣をつくりますが、ある程度、地上からの高さがあるところを好みます。あまり低いと、ヘビなどに襲われてしまうからです。

昔の本を読むと、児童がスズメの巣に手を突っ込んで卵を取り出し、それを食べる話が出てきます。実際に、食べたことのある年輩の方に聞いたところ、スズメの卵は特段美味しいものではないようなのですが、何の気なしにやっていたようです。

この話からもわかるように、以前は、スズメの巣は、児童の手の届くような低いところにもありました。昔は、平屋建ての建物が多く、その軒下に巣をよくつくっていたからかもしれません。現代では、二階建てが普通になり、スズメも高い所に巣をつくる傾向にあります。

先ほど書いたように、スズメの巣そのものを見ることはできませんが、巣の場所の特定は、慣れれば難しくありません。手かがりは主に三つです。

一つ目の手がかりは巣材です。スズメの巣は草などを編んでつくられるのですが、草が一本だけ外にぶら下がっていることがあります。これを見つければ、その奥に巣があるとわかります。

二つ目の手かがりは、親鳥の行動です。親鳥は、ヒナの世話をするために頻繁に巣に出入りします。餌も運んできますし、ヒナの糞を咥《くわ》えて外に捨てに行きます。そういった親鳥の行動から、巣の位置を特定できます。

三つ目の手かがりは、ヒナの声です。ヒナはおなかが減ると、親鳥に餌をねだるために声を出します。シャリシャリあるいはシリシリというような声です。昔の本を読むと、「スズメのヒナの声は、鎖時計の鎖をすり合わせたような音」とありますが、今どき、そんな音を聴く機会はありません。

これらを手掛かりにスズメの巣を見つけることができます。巣を探しやすい時期は、サクラが散ってからちょうどひと月後くらいから、8月ごろまでです。

慣れないうちは難しいかもしれません。実際、私も、スズメの研究を始めてから、町の中にこんなにもスズメの巣があるのかと気づいて驚いたものです。慣れてくると、100メートル四方に、少ない場所では1つ、多い場所では4つくらいの巣を見つけることができます。スズメにとって巣がつくりやすい古い家が多い住宅地や、近隣にスズメにとって餌を採りやすい公園があると、たくさんの巣が見つかります。

写真４　さまざまな場所につくられたスズメの巣と、巣の中の様子（最下段右）

†巣は家ではない

よく誤解されますが、多くの鳥にとって、巣というのは家ではありません。ゆりかご、あるいはベビーベッドのほうがまだ近いといえます。

どういうことかというと、鳥の巣というのは、「親鳥が卵を産み、温め、ヒナが孵《かえ》り、そして巣立つまで」の間に使われる所なのです。使う期間は種によって異なります。大型の鳥ほど、子育てに時間がかかる傾向があり、ワシやタカは数か月の間、巣を使います。対してスズメのような小鳥が巣を使うのは、ひと月ほどです。そしてふつう、子育てが終わると、巣に戻ってくることはありません。しかも、多くの場合、一回きりの使い捨てです。

しかしスズメは、同じ巣を何度も使います。しかも、秋冬になると、春に使った巣に巣材を補充して、寝る場所として利用することもあります。おそらく、巣をつくるのに適した場所はそれほど多くないので、翌春まで自分の場所として確保しておくためだと思われます。

†スズメの交尾

スズメは、夫婦で協力して巣をつくります。そして、巣が完成する前後から交尾をするようになります。屋根の上、公園の地面など、人目につくところで事に及んでいることもあります。私の感覚では午前中に多い気がします。

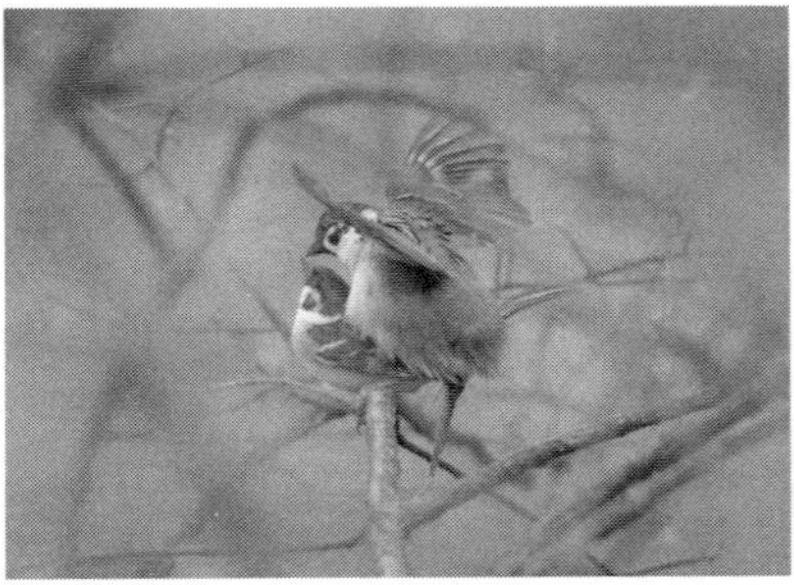
写真5　スズメの交尾

鳥の交尾では、雄が雌の背中に乗って、総排泄孔《そうはいせつこう》をくっつけて、精子を送り込みます。総排泄孔というのは、なかなかすごい名前です。われわれ人間は、排泄に関する孔《あな》と、生殖に関する孔が別々です。しかし、鳥の場合はこれが全部一緒で、内部で分かれています。人間の場合は、受付が複数あるのに対し、鳥の場合は、総合受付は一つで、そのあとで、複数の担当部署があるという感じでしょうか。そのため、スズメのオスには、いわゆるペニスのような器官はなく、オスとメスの総排泄孔を密着させて精子を送り込みます。

交尾の際には、オスがメスの背中に乗りますが、その際、ヒヨヒヨヒヨヒヨヒヨヒヨヒヨヒヨと、か細い声を出します。交尾の時だけに出す声です。オスが出しているのかメスが出しているのか、今一つわかりませんが、個人的には、オスが許諾を求めて出しているのではないかと思っています。

オスのスズメは、メスの背中に乗っては、1秒もせずに、さっと降りて、また上に乗るということを4〜10回ほど繰り返します。そのたびごとに精子を送り込んでいるかというと、そうでもありません。一度、スズメのオスとメスが交尾をしているところを、真後ろからカメラの連射モードで撮影したことがありますが、それによってわかったことは、ただ背中に乗って降りているだけのことがあるということでした。多くの場合、最後に乗る時間が長いので、その時に、総排泄孔をくっつけて、精子を送り込んでいるのではないかと思います。それ以前の、背中に乗るだけ行動は、タイミングを計っているか、あるいは前戯のようなものなのかもしれません。

†子供のころは肉食系

スズメの産卵は、サクラが散ってから2〜3週間ほど経ったころから始まります。一日

1卵、合計で4~6卵を産みます。

　1卵目を産んですぐに卵を温め始めるわけではありません。もし、そうしてしまうと、先に産んだ卵からヒナが孵って大きくなり、後から孵化《ふか》したヒナはうまく餌をもらえなくなってしまいます。そこで、孵化する時期が揃うように、4卵目を産んだくらいから卵を温め始め、すべてを産んでから本格的に温め始めます。温め始めなければ、卵の発生は始まりませんから、1卵目を産んでから数日放置していても問題ないのです。

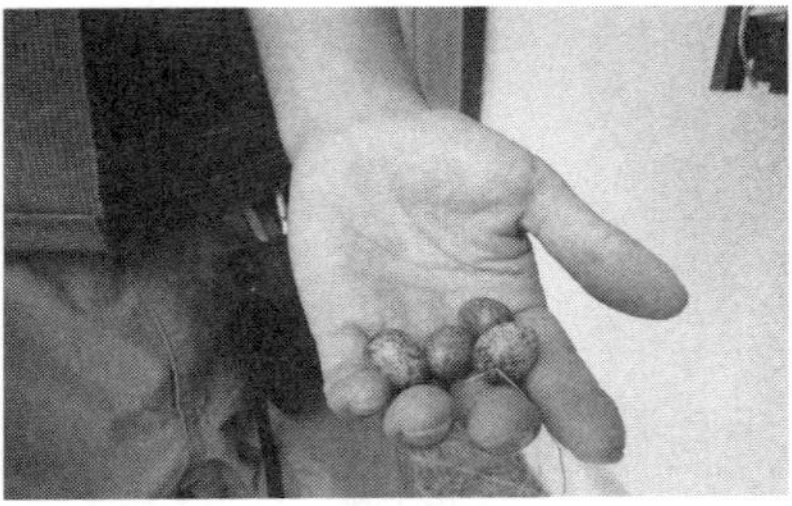
写真6　スズメの卵（調査のために一時的に回収した）

　親鳥が温め始めてから2週間ほどで孵化します。ヒナが孵化してから、親鳥は、ヒナたちに餌を運んできては与え始めます。スズメは一般に雑食で、種子も昆虫も食べるのですが、ヒナに与えるものは昆虫が多いようです。ヒナは短期間に体をつくらなければならないので、動物性タンパク質のほうが成長に良いからでしょう。ヒナが小さいうちは、親鳥が持ってくる餌も小さいため、何を持ってきているのかはよくわかりません。親鳥の行動から推測するに、アブラムシなどを集めているようです。

孵化して5日くらい経つと、ヒナが親鳥に餌をねだるシリシリという声が聞こえるようになります。その頃には、親が持ってくる餌も大きくなります。バッタやテントウムシ、ガやチョウの幼虫も持ってきます。巣のそばで獲りやすいものを採ってきてはヒナに与えているようです。文献を見ると、アリやクモも食べているようです。

この時期は、親鳥の巣への出入りが頻繁なので、巣を見つけやすくなります。親鳥の多くは、巣に入る直前にどこかに一旦止まります。たとえば、住宅の屋根に巣をつくっている場合、その近くの電線に一旦、餌を咥えたまま止まります。そして、あたりの様子をうかがって、安全が確認できれば巣に入ります。我々が見ていると、巣がどこかにあるかを知られたくないらしく、なかなか入りません。

献身的な親鳥の世話の結果、孵化したばかりのころは2グラムだったヒナは、2週間ほどで10倍の20グラムになります。巣の中で羽を動かす練習をして羽も生えそろいます。巣立つ直前になると、親鳥は餌を与えるのをやめます。代わりに、巣の外で餌を持って待っています。要は、外に出てくれば餌をあげるよと、巣立ちを促しているのです。巣立つ時には、もちろん、親鳥のようにうまくはないのですが、空を飛べるようになっています。

写真7　親スズメ（右手前）に餌をねだる子スズメ（左奥）

†餌をねだる

巣立ったヒナたち、つまり子スズメは、しばらくは親鳥から餌をもらって暮らします。餌をねだるときの仕種は、なかなかに愛らしく、羽を小刻みに震わせる動きをします。「ちょうだい、ちょうだい、ちょうだい、ちょうだい」と早口で言っているような感じです。すると親鳥がすぐさまやってきて、餌を与えます。こういった姿は6月ごろから見られるようになります。

子スズメのほうも、自分で地面をつついて何か食べようとし始めます。子スズメが、くちばしで何かをつまんで、親鳥に見せるようにすることがあります。おそらく、「これ、食べられるの？」と聞いているのでしょう。親鳥がそれ

写真8　タバコの吸いがらを食べようとする子スズメ

を取り上げて、ひょいと捨てているのを見たことがあります。「そんなもの捨てなさい」という感じでしょうか。

親鳥も、いつまでも、子スズメの面倒をみているわけにはいきませんから、独り立ちさせるための教育が始まります。子スズメたちを餌のあるところまで誘導して、そこで、自分で餌を採って食べさせるように仕向けるのです。ヒナが餌をねだって、羽を小刻みに動かしても無視するようになります。こうやって、ヒナたちは、何が食べられるのか、どうやって餌を探せばいいのかを学んでいくのでしょう。

子スズメと親鳥は、慣れれば簡単に見分けられます。子スズメは、黄色いくちばしをしています。といっても、くちばし全体が黄色いわけではなくて、くちばしの根元、口角の部分が黄色いのです（口絵参照）。また背中の模様も、親鳥が濃い茶なのに対し、子スズメのそれは全体的に薄い茶色です。スズメの特徴である頬の黒も、子スズメのものは、薄墨が滲《にじ》んだようにぼんやりしています。こういった違いは、子スズメの羽が生え変わることでだんだんとなくなり、冬には見分けられなくなってしまいます。

先ほど書いたように、子供のころは肉食寄りですが、大人になると、植物質を多くとるようになります。たとえば、雑草の種などです。ですので、昔の人は「スズメがいると雑草が減って良い」と、スズメを大切に扱う一面もありました。

子スズメの成長

親鳥による子スズメたちへの世話は巣立ち後10日ほど続きます。その後、親鳥たちは、2回目、多い場合には3回目の繁殖に入ります。子スズメたちはといえば、きょうだいや隣近所の子スズメたちと一緒に群れになって過ごすようになります。6月の終わりごろになると、子スズメだけの群れが見られます。

群れになっていれば、何かあっても助け合えます。特に、一番の危険は、カラスや、タカや、ネコに襲われて命を落とすことです。1羽だったら、これらの危険に対して、1羽で警戒しつつ餌を採らなければなりません。しかし、仮に20羽で集まれば、20羽分の監視の目があります。しかも1羽だったら、周囲全体をせわしなくきょろきょろ警戒する必要がありますが、数が集まれば、1羽ずつが見る範囲は一方向でも十分です。群れていれば、それだけ、捕食者に見つかりやすくはなってしまいます。しかし目が多い分、素早く捕食者を見つけることができますから、群れているほうが総合的には利益が大きいのだと思われます。

秋になると、子スズメの一部は長距離を移動します。中には、生まれたところから数百キロも移動する個体もいます。そして、冬を無事に生き延びれば、新天地で結婚相手を見つけ、今度は自分が親鳥となって、新たな子スズメたちを生み出すわけです。

スズメがどれくらい生きるのかは、はっきりわかっていません。しかし、巣立った子スズメのうち、半数以上は、その年の冬を越えられないのではないかと考えられています。猛禽類に襲われて、それらの生き物の糧になったり、冬に餌が十分採れずに餓死したりするのです。最初の冬を超えられたものは、体力的にも優れた個体ですし、経験を積んで賢くなります。長いものでは、6年以上生きたことが知られています。

3　特異な生態

†群れたり、群れなかったり

スズメはいつでも群れているような印象があるかもしれませんが、そうでもありません。しかも、群れている場合でも、その意味が違っていたりします。春を起点に一年間で考えてみたいと思います。

春は、子育ての時期ですから、スズメは基本的に夫婦で行動しています。6月ごろになると巣立った子スズメたちは、彼らだけで集まって群れをつくりはじめます。

親鳥たちは、子育てを一年に2回、多い時は3回行いますが、夏の終わりごろになると繁殖を終えて、夫婦でいる必要がなくなります。すると巣を捨てて、群れるようになります。特に夜になると大群になって眠りにつきます。みなで集まって寝たほうがよいからでしょう。時には、数千羽の群れになって、駅の周りの街路樹などでねぐらをとります。ヨシ原のようなところに集まって眠りにつくこともあります。

江戸時代には、スズメがねぐら入りするヨシ原や竹やぶの周辺に屋台が出て、見物していたという話もあります。何千あるいは何万羽ものスズメが、空を飛びながら、複数の群れに分かれたり、一つになったりする様は見応えがあったからでしょう。その乱舞する姿は、まるで合戦のようにも見えるので、スズメ合戦と呼んで楽しんだようです。かつて、神戸市に「雀の松原」と呼ばれる景勝地がありましたが、そこでは、雀が合戦をしていたという言い伝えがあります。ここもスズメのねぐらだったのかもしれません。

秋冬になると、スズメの群れは、町の中よりも田園地帯のようなところでよく見られるようになります（口絵参照）。そちらのほうが餌が多いからでしょう。そして、群れの大きさは、冬になると東日本では次第に小さくなる傾向があります。というのも、群れが大きくなれば、それだけ餌が必要ですが、冬は単位面積当たりの餌が少なくなるからです。一方、西日本、たとえば、九州などの比較的温暖なところでは、数千羽単位の大きな群れが維持されることもあります。餌が十分量あるからだと思われます。

繁殖していた場所から南へ移動するスズメもいます。たとえば、10月ごろには、津軽海峡で、北海道から青森へ渡っていくスズメの姿が見られます。あんな小さな体で海峡を渡るのは大変そうです。とはいえ、同じくらいの体の大きさであるツバメは、日本から東南アジアまで飛んでいくのですから、海峡の幅が数十キロの津軽海峡はまだ楽なものかもしれません。そして、春になると群れは解消し、再び夫婦で巣づくり・子育てを始めます。

これが大雑把なスズメの群れの一年の様子ですが、ものごとにはなんでも例外がありま す。まず、春先にも小さな群れが見られます。おそらくですが、南から北へ渡る途中の群れだと思われます。それから、6月の繁殖中に、親鳥たちは群れないと言いましたが、スズメの巣が密集している場所で、かつねぐらをとるのに適した木が近隣にあると、夜にそこに集まってねぐらをとることもあります。秋冬には群れると書きましたが、巣の防衛のために、単独あるいは数羽で生活するスズメもいます。

スズメのおしゃべり

スズメが100羽や200羽で集まって、みながチュンチュン鳴いていると、とても、にぎやかです。それが、突然鳴き止むことがあります。どうも何かに驚いたからのようで、しばらくシーンとしています。異常がなさそうだとわかると、また少しずつ鳴き始め、元と同じように、大騒ぎになります。これを見るたび小学生のころを思い出します。昔、授業時間になっても先生がこないと、児童は、各自おしゃべりを始めて教室は大騒ぎになりました。しかし、ドアが開く音が聞こえた瞬間、つまり先生がきたと感じた瞬間、静まりかえるのです。そして、そのドアの開く音が、児童の誰かがいたずらでやったと分かると、また、少しずつおしゃべりが回復し、しまいには大騒ぎになって、そのうち隣のクラスの先生がやってきて、怒られるというパターンでした。

スズメは、群れている間、なんで、そんなに声を出しているのかと不思議です。

私は、スズメは個体同士の間でかなり意思疎通をしているのではないかと思っています。実際、そんな意思疎通が可能なほどスズメの声は多様です。分け方にもよりますが、少なくとも30種類くらいの声があります。

スズメを含めた小鳥類は、体の大きな鳥よりも、声を出す器官が発達しており、それによって複雑な声で鳴くことができます。しかし、普通の鳥は、さえずりが数種類、それ以外の時に短くチッと鳴いたりする声が数種類くらいです。それに比べて、スズメの声は多様です。スズメは高密度で繁殖するがゆえに、個体同士の意思疎通を進化させる必要があったのかもしれません。柳田國男もスズメの声は複雑だと言っていますから、このことは私だけの思いつきではなさそうです。

これについても、ゆくゆくはしっかりと調べて、雀語を解読してみたいと思っています。意思疎通が必要なくらいですから、スズメは他人（他スズメ）の行動も気にします。

たとえば、10羽くらいの群れがいて、そのうち2羽が何かの拍子に取っ組み合いの喧嘩を始めます。足で、相手の体を押さえつけ、くちばしで羽をつかみ、まさに取っ組み合いです。すると、その周りにいるスズメたちは、それを、チュンチュン、鳴きながら観戦するのです。さながら、道端で喧嘩をしている輩《やから》を観戦する群衆です。取っ組み合いが激しくなって、当の闘っている2羽があっちへ行ったりこっちへ行ったりすると、観戦しているスズメたちも、その後を追って、喧嘩が見えるところまで追いかけます。動物行動学的には、「どちらが強いかを見て、誰が群れの中で強いのかを見極めている」というような説明もできますが、もっと野次馬根性的なものではないかと思えてしまいます。

†スズメの行水

スズメは人のようにお風呂には浸かりません。では、汚れっぱなしかというとそういうわけでもありません。まず、日常的に丹念に羽の手入れをしています。羽はいわば死んだ器官で、血肉が通っているわけではありません。ダウンも羽根ペンの羽根部分も、何も供給されなくても、かなりの間、劣化せずに維持されます。しかし、生きている鳥の場合は、日常生活の中で、擦り切れたり、破損したりします。鳥の羽を専門に食べるハジラミなどの寄生虫がつくこともあります。

スズメの羽は、およそ一年に一度、定期的に生え変わるのですが、それまでは、日ごろのこまめな手入れで維持しているのです。スズメに限りませんが、鳥をよく見ていると、後ろを向いて、腰のあたりをつついていることがあります。ちょうど尾羽の付け根の部分ですが、そこに蠟《ろう》状の物質を出す腺《せん》があります。その蠟状の物質を、くちばしで取って羽に塗ることで、羽の、しなやかさと、強靭さと、保温性が保たれます。また寄生虫がつくのを防止するのにも役立つようです。

先程、スズメはお風呂には浸からない、と述べましたが、水浴びはします。浅い水たまりや池の浅瀬などで、スズメが、ばちゃばちゃと、一見おぼれているようなしぐさをするのです。この行為によって、羽についている寄生虫などを落とす効果があると考えられています。

スズメは砂浴びもします。砂地に体をこすりつけて震わせ、砂を巻き上げるようにしながら汚れを落とします。スズメが頻繁に砂浴びをするところでは、ちょうどテニスボール

写真9　羽についた寄生虫などを落とすための水浴び

がすっぽりはまりそうな、半球状の穴ができます。

鳥は、種類によって、水浴び、砂浴びをする鳥がいるのですが、普通の鳥はたいていどちらか一方しかしません。しかし、スズメはその両方を行います。スズメの生息環境には、安全な水場も砂場も両方あることが、理由の一つだと思います。加えて、スズメは他の鳥よりも寄生虫などに寄生されやすいのかもしれません。密度が低い鳥に寄生する寄生虫にとって、自分の生息範囲を広げられる機会（同種の他の個体に寄生できる機会）は、夫婦間か、親子間しかありえません。しかし、スズメは高密度で生息していますから、寄生虫にとって、増える機会がたくさんあるはずです。そのため、スズメは寄生虫対策に余念がないのかもしれません。

†活字浴び⁉

スズメは水浴び、砂浴びに加えて、活字も浴びます。活字を浴びるといえば、「本をたくさん読む」という意味でして、もしスズメがそうだとすると、現代の若者には見習ってほしいところです。

もちろん、スズメは本を読みません。ここからの説明は、私も実際には見たことがなく、聞いた話なのですが、保護されたスズメが、飼い主の机の上にある新聞や雑誌の上にやってきて、砂浴びをするのと同じような動きをとるとのことです。

細かい文字を砂と見間違えてやっているのではないかと考える方もいますが、私は違うのではないかと思っています。というのも、飼っている方によれば、1回だけでなく何度もやるとのことです。繰り返すということは、勘違いではなくて、わかっていてやっていると考えられます。新聞や雑誌に使われている紙質というのは、我々が手で触わっても、毛羽立った感じがあります。我々のような巨体でも、それがわかるわけですから、スズメにとっては、紙といえども十分な毛羽立ちを持った構造なのではないでしょうか。そこにお腹をあてると、いい具合に気持ち良いので、やっているのではないかと私は推測しています。

これを調べることは比較的簡単で、「新聞」「新聞に書かれた文字と同じものを、つるつるの紙に印刷したもの」「新聞と同じ材質で何も書いていないもの」の3つを用意して、どれをより好んで使うかを調べればよいのです。やってみたいと思いつつ、まだそういう機会には恵まれていません。もし、スズメを保護していて、興味のある方がいらっしゃったら、ぜひ試してみてください。

4　スズメは減っている⁉

20年で半減⁉

身近な鳥の代名詞と言ってもいいスズメですが、その数は、どうも減っているようです。

スズメによる農業被害面積の記録を見ると、1990年ごろから減少傾向にあります。

環境省が行っている調査でも、やはり全国的にスズメが確認されている地点が減っていることがわかっています。スズメの猟をしている方の中にも、スズメの数が減って捕まえにくくなったとおっしゃっている方がいます。まったく異なる複数の情報源がスズメの減少を示していますから、実際に減っているのだろうと考えられます。

どれくらい減っているかという正確な値は、わかりません。いろんな記録を見て、かなり大雑把に推測すると、１９９０年ごろから２０１０年ごろの間に半減したのではないかと思われます。「そんなことはない。スズメなんてよく見かけるじゃないか」とおっしゃる方もいるでしょう。それは元からスズメがたくさんいるからです。

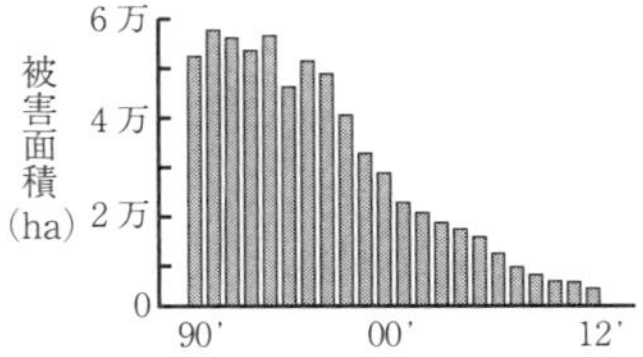

図6　年々減っているスズメによる農業被害面積

私は１９７４年生まれで、いわゆる第二次ベビーブームの世代に当たります。当時、日本の年間出生数は２０６・７万人でした。それから40年経った２０１４年の出生数は１００・１万人です。つまり、生まれる子供の数は、この40年で半減しています。しかし子供を見かけなくなったというほどではありません。元の数が多ければ、半減しても、それに気づけないのです。スズメも同じだと思われます。
じゃあ、そもそもスズメはどれくらいいるかというと、これまた大雑把ですが、２００８年の推計では、日本国内で、親スズメの数が１８００万羽という値が出ています。そんな役にも立たない推計を誰が出したのかというと、私です。どのように推定したかというと、スズメの巣の密度を複数の環境で調査して、それらの環境の日本における面積をかけ、いくつかの仮定を置いて算出したのです。もちろん、それほど正確なものではなく、「桁」があっている程度だと思われます。

†なぜ減ったのか？

では、なぜスズメは減ったのでしょうか。結論を先にいうと、全貌はわかっていません。しかし、これが原因で減ったんだろうと思われることはあります。
それは、スズメが巣をつくれる場所が減ったことです。古い住宅地と新しい住宅地でスズメの巣の数を比較すると、新しい住宅地ではスズメの巣が少ないのです。特に、新興住宅地は、スズメの空白地帯といえます。早朝に、スズメの調査のために、ある区画を歩いていると、チュンチュンと、スズメがうるさいくらいいる場所があります。そこは20〜30

年前につくられた住宅地です。しかし道路を一本隔てて、ごく最近できた住宅地に入るとスズメが1羽もおらず、声も聞こえずシーンとしていることがあります。結構ぞっとするので、お近くにそういう場所があれば試してみてください。

なぜ、新しい住宅地でスズメの巣が少ないかといえば、新しい建物は高気密を謳《うた》っていることもあり、建物に隙間がなく、スズメが巣をつくれないからです。また、昔は瓦屋根の隙間に多くの巣がありましたが、瓦屋根の家も減っています。

瓦屋根であっても、新築の場合は、これまた巣がつくりづらいことが多いようです。本来瓦は、うまく葺《ふ》いてあれば隙間がなく、スズメは巣をつくりづらいのですが、時間が経つとともに歪みや劣化で隙間ができてスズメが巣をつくりはじめます。ですが、最近の瓦屋根は、瓦そのものも施工方法も進化していて、時間が経っても隙間が生じることが少なく、スズメも巣をつくりにくいのです。加えて、見た目だけの瓦屋根みたいなものもあって、こちらは、そもそも瓦の下に隙間（本来は、そこで断熱したり、湿度を保つ役割を持つのですが）がなく巣をつくれません。

住宅の変化に加えて、餌を採れる緑地が減っていることも、スズメの減少に拍車をかけているかもしれません。スズメが町の中で餌を採るのは、舗装されていないような空き地です。そこに生えている雑草の種を食べたり、そこにいる小さな虫を食べたりするのです。しかし、近年は、こういったところは舗装されるようになってきました。餌場が少なくなれば、当然、子育ては難しくなります。

スズメにとって、繁殖するのに理想的な環境は、巣をつくる場所と、餌を採れる場所が近いことです。近ければ、餌運びの労力が減りますし、巣を留守にしている時間が減る分、ヒナが捕食されるような危険が減ります。しかし、日本中で、巣をつくれる住宅が減り、餌を採れる環境も減っていると思われますから、理想的な巣場所の組み合わせが、急速に減っていることになります。

そのためか、巣立つ子スズメの数も減っているようです。昔は、一家族、4羽や5羽のヒナがいたことも珍しくなったようですが、現在の平均ヒナ数は2羽前後です。スズメにとって都市が暮らしにくくなっているのかもしれません。

†スズメは絶滅してしまうのか?

スズメは今後も減少していくと思われます。なぜなら、住宅は必ず建て替えられていきますから、巣をつくれる場所が減っていくからです。また、緑地についても減ることはあっても増えることはなさそうです。

しかしながら、スズメが減少していって100年やそこらで絶滅してしまうということはないでしょう。なぜなら、いくら巣をつくりにくくなったとはいえ、巣をつくれる場所が全てなくなってしまうわけではないからです。

スズメが減って何か問題があるかというと、正直なところわかりません。ある生き物が減って、どんな影響があるかを知るには、しっかりとした調査が必要ですが、そういった調査はなされていないからです。根拠は不十分ですが、個人的にはスズメの減少は二つの問題を引き起こすのではないかと考えています。

一つは、町の中における雑草や害虫の駆除効果が減ることです。

スズメは、町の中にあるさまざまな有機物を食べています。我々にとって邪魔になる雑草の種を食べ、害虫も駆除してくれています。実際、スズメを駆除したら、害中が大発生してしまった、という話は世界各地にあります。

スズメは我々の花見にも貢献しているかもしれません。花見が終わった時期のころのスズメをよく見ていると、盛んにサクラの樹に止まって何かを捕まえています。小さいものはよくわかりませんが、アブラムシとかカイガラムシの仲間ではないかと思います。大物では、サクラを食害する、チョウやガの幼虫です。仮にスズメがいなくなれば、そういった害虫が大量に発生してしまうかもしれません。実はスズメは、サクラの蜜を吸って、サクラの花を落としてしまうという側面も持っています。ですが、害虫駆除効果を考えて、総合的にみれば、スズメの存在は、毎春、花見を楽しみにしている我々にとってプラスの存在ではないかと思います。

スズメが減少することで生じるもう一つの問題は、我々が生き物に触れる機会が減ってしまうということです。

「生物多様性」という言葉は、ひと昔前よりずっと社会に認知されるようになってきました。学問的にも、行政的にも、以前より、生態系に対する理解は深まっていると思います。しかし、個人レベルでみると、生き物に対する意識は希薄になっているように思えます。少し前の世代の方は、特に生き物に関心がない方でも、身の回りにいる、花、木、虫、鳥について、よくご存知でした。正式な名前は知らずとも、ちゃんと身の回りにいる生き物を見分けていらっしゃいました。日常生活の中の知識の一つだったのです。

それは、自分たちの身の回りにたくさんの生き物がいて、接する機会があったからでしょう。そのため、子供同士の遊びの中で、そして日常のちょっとしたときに、大人から子供に知識の継承があったのだと思います。そうやって知らず知らずのうちに、身の回りの生き物の名前を憶えていて、季節の移ろいを感じ、だからこそ、自然に愛着を持ってきたのです。しかし、現代では、その流れが止まりそうになっているように思えます。身の回りにいる生き物がわからなければ、その価値も感じられません。知らないものが消え去っても何の痛痒《つうよう》も感じません。こういう時代の中で、スズメのようなわかりやすい鳥が身の回りにいることは、とても大事なことだと思うのです。

†スズメの姿から季節の移ろいを感じる

スズメは年がら年中いるので、あまり季節を感じさせないような気がします。しかし、ここまで見てきたように、春は、繁殖のために夫婦で生活しています。餌を持って巣に運び込むような行動もします。そして、6月ごろになると子スズメを連れている姿が見られます。夏の終わりごろからは群れになります。秋冬は田園地帯にいる数が多くなるので、町の中からは、スズメの姿が減ります。そんな風に見ると、スズメといえども、季節に応じて多様な姿があることに気づきます。

昔の人は、そういうことを知っていたようで、俳句の中には、スズメにまつわるたくさんの季語があります。たとえば、孕《はら》み雀《すずめ》は春の季語、稲雀《いなすずめ》は秋、寒雀《かんすずめ》は冬といったように。こんな風に、身近なスズメからですら、季節の移ろいを感じることができます。ぜひ、スズメを観察して、その楽しさを感じてみてください。

コラム

●スズメは人を見分けられるのか?

スズメを飼っている方の話を聞くと、スズメが明らかに人を見分けている場合があります(スズメを飼っていいかどうかという話は、第6章で扱います)。たとえば、ある夫婦がスズメを飼っていて、そのスズメは、奥さんに対しては、べったりで、肩に乗ったり餌をねだったりするのに、旦那さんが来れば、とにかく攻撃するということがあるそうです。別のご夫婦の話では、逆に旦那さんにべったりで、出迎えの様子も違うそうです。旦那さんが帰宅すると、二階から文字どとく飛んで下りてくるのに、奥様が帰ってきても無反応だそうです。どうも鍵についているアクセサリーの音に反応して、旦那さんか奥さんかを判断しているのではないかということでした。

別のご家庭の話では、毎日、庭でスズメに餌をやっているそうですが、旦那さんが窓際に来ると、スズメ達がチュンチュンはげしく鳴くのに、その他の家人が来ても知らんぷりだそうです。

どうもスズメは、人の姿、背格好、音などを用いて、総合的に人を識別できているようです。スズメがこういった能力を持っていることは、よく考えれば当たり前かもしれません。スズメは高密度で繁殖をしています。そのときに、自分の奥さん、自分の子供、隣近所のスズメ、そういうものを認識しなければやっていけません。さまざまな情報をつかって、個体を認識するという作業は、スズメにとってはさほど難しいことではないのかもしれません。

●スズメと文化

スズメの姿は、さまざまな形で日本文化の中に見られます。たとえば「スズメの涙」「欣《きん》喜雀躍《きじやくやく》」など、スズメがついている言葉やことわざは数十あります。

俳句などにも詠まれています。特に小林一茶のものは有名で、「雀の子そこのけそこのけお馬が通る」「我と来て遊べや親のない雀」など。舌切雀《したきりすずめ》などのようなおとぎ話もありますし、落語にも「抜けスズメ」という演目があります。

スズメを飼う文化もありました。『枕草子』などにも、かわいらしいものとして、スズメを飼う話がでてきます。焼き鳥として食べられることで、食文化にも取り入れられていますし、過去には薬として食べられたこともありました。

スズメの姿は、デザインとしても、用いられています。有名なところでは上杉家や伊達家の家紋に描かれています。日本画の中にも描かれています。そうやって見てみると、必ずしもスズメの姿は、野外でなくても見つけられます。美術館の絵の中に生息する、スズメの数を数えてみるのも楽しいかもしれません。

姿だけでなく、その鳴き声も使われています。たとえば、ラジオなどで「チュンチュン」という声が聞こえれば、朝を表していたりします。

このように、スズメは日本の文化の中にたくさん取り入れられています。これもスズメが昔から人の身の回りにいて、もっとも身近な鳥だったからでしょう。

写真10　スズメが2羽向かいあっている伊達家の家紋

●スズメの語源

なぜスズメを「スズメ」と呼ぶのかについてはいくつか説があります。有名なのは、江戸時代の儒学者、新井白石が言っているものです。まず語尾の「メ」は、鳥のことを表す言葉の一つとして使われていたようです。たとえば、ツバメ、カモメなどのようにです。そして「スズ」のほうは、ササがそうであるように、小さいもののことを指すからではないかとのことです。

ただし、スズメという言葉が、そもそも我々のよく知るスズメを指していないのでは、という考えもあります。柳田國男は、『野鳥雑記』の中で、日本全国でスズメが何と呼ばれるかを調べ、たくさんの呼び名があることを示しています。たとえば、サトスズメ、ノスズメ、ノキスズメなどです。わざわざ「里《さと》」とか「軒《のき》」とかがついていることから、「スズメ」とは、小鳥一般の総称として使われており、必ずしも「生物としてのスズメ」を指していたわけではないのではないか、と述べています。

『枕草子』などのいくつかの古典文学の中で、「雀」という表記がありますが、これらの中には、前後の記述などから、明らかに今、我々が知っているスズメだろうと思われるものがあります。ですから、中央と地方、あるいは時代によって「スズメ」が指すものが違っていたのかもしれません。

第3章

ハト——いつからか平和の象徴

1　ハトというハトはいない

†ハトとロート製薬

誰もが知っていて、日本全国どこの町の中でもよく見かける鳥といえば、ハトもそうです。スズメよりも体が大きくて目につきやすいので、人によっては、スズメよりもよく見かけているかもしれません。

ハトは、よく地上を歩いています。ブランコなどの遊具があるような小さな公園で、ちょこちょこと歩いています。大きな都市だと、駅の構内、場合によってはプラットホームを歩いていることまであります。駅に入ってきた電車に無賃乗車するハトまで目撃されています。しかも、日のあたる座席に座って、まどろんでいるものまでいるのですから、間違って乗ったわけではなさそうです。なぜハトが駅にいるかといえば、目線を上げるとわかります。駅の天井に張り巡らされた鉄筋性の梁《はり》、あるいは配管の上などに巣をつくって

写真11　町の中でも、しばしば見かける飛行するハトの群れ

いるのです。

　もう少し俯瞰的にハトがどこにいるかを見てみます。町を見下ろせる小高い丘、あるいは町の中にある高いビルから見ると、ハトが町の上空を数十羽の群れになって、飛び回っているのを目にすることがあります。左方向に飛んでいると思ったら、群れ全体が一瞬のうちに反転して右方向に向かいます。そのとき、ハトの上面と下面は色が違いますので、瞬間的に色が変わります。

　こういったハトの群れを見ると、40歳くらいよりも上の年齢の方は、私と同じく頭の中で「ロートト、ロートト、ローォトー、ロートせーいやーくー♪」という音楽が流れるのではないでしょうか。

これは、「クイズダービー」という大橋巨泉さんが司会をなさっていたクイズ番組のオープニング曲です。この曲をバックに、ハトたちがロート製薬という大きな看板の周りを群れで舞う様子が映し出されていました。ロート製薬のウェブサイトには次のような説明があります。「このCMは昭和37年からモノクロで放送され、昭和40年にカラー放送されたものです。撮影のために本社屋上の鳩舎にたくさんのハトを飼い、担当の女子社員が毎日、手のひらにエサをのせて養育。撮影条件のよい、雨上がりや台風一過のあとを待つためにに半年がかりで撮影しました。現在でも多くの人々が「ロート製薬」といえばこのオープニングCMを思い起こすほど、人々の記憶に残るCMとなりました。」

駅にいるハトと、この群れているハトは、同じ場合と別の場合があります。このあたりがハトのややこしさなのですが、順を追って説明していきたいと思います。

✝日本にいるハトは10種くらい

ハトと一口にいっても、ハトという名前のハトはいません。トンボというトンボがいない、アリというアリがいないのと同じようなものです。

ハト目という括《くく》りに、キジバトやドバトをはじめとして、○○バト、というたくさんの種がいて、それらの総称がハトなのです。対して、スズメというのは、一つの種の名前でもありながら、スズメ目というグループ全体の名前にもなっています。このあたりは、記名の仕方の問題で、統一感がなくて迷惑な話です。

ハトの仲間は、世界に約300種おり、そのうち日本では10種ちょっとの記録がありま す。このうち数種は、本来はヨーロッパなどに生息しているものが、たまたま日本に迷ってやってきた際に記録されたもので、普通は見ることはできません。日本に定常的に生息しているハトは8種になります。

そんなにいるのかとお思いかもしれませんが、このうち普段見かけることができるのは、せいぜい3種です。というのもそれ以外のハトは離島に棲《す》んでいるので、わざわざ見に行かない限り目にすることができないからです。

黒いハト、青いハト

たとえば、離島にはカラスバトというハトがいます。その名の通り、カラスのように黒いハトです（口絵参照）。例外はあるにせよ島にしかいません。しかも、変わった分布の仕方をしています。たとえば、琉球列島にだけいるなら、「なるほど、このあたりがカラスバトの分布域なのだな」と納得がいくのですが、伊豆七島にも、日本海側の離島にもいるのです。ほかにも、琉球列島にのみいるハト、小笠原諸島にしかいないハトなどもいます。

対して、日本本土で見られる3種とは、ドバト、キジバト、アオバトです。

このうちアオバトを町の中で見ることはほとんどありません。このハトは、「青」と名前についていますが、緑色をしています（口絵参照）。「青葉」「青野菜」などと同じく、日本語にしばしばあるように、「青」が緑を示しているのです。アオバト本来の生息場所は山の中ですが、町の中でも、背後に山を背負ったような公園であれば、姿を見かけることもあります。それから、山奥からわざわざ海水を飲みに海岸に出てくることがあります。これは、ミネラル補給のためだと考えられています。大変美しいハトですので、機会があれば、ぜひ一度見ていただきたいのですが、警戒心が強いので、なかなか近くに寄れません。

このアオバトを除いた残りの2種、ドバトとキジバトが、町の中で普段よく見かけるハトです。公園で人から餌をもらっている、あるいは、先ほど話したロート製薬のCMに出ているのは、ドバト（あるいはそれにごく近い関係にあるハト）です。町の中のハトといえば、ドバトが主役ですから、まずはドバトについて詳しく説明し、そのあとドバトと対比する形で、キジバトについても触れていきます。

2 ドバトはどこからきたのか

✝ドバト――もっともよく見かけるハト

町の中で5羽とか10羽とかそれ以上のハトが居た場合、ドバトだと思ってまず間違いありません。よくあるシャレですが、ドバーッといるのがドバトです。例外もありますが、キジバトは群れる鳥ではありません。単独、せいぜい2羽か3羽で行動しています。それゆえ、群れていればドバトと思っていいでしょう。ただし、逆は必ずしも真ならずでして、2羽か3羽でいるドバトもいますので、ご注意を。

ドバトの体色は、全体に青みがかった灰色です。そして、首から胸にかけて金属光沢があり、直射日光の下で見ると、動くたびにきらきらします（口絵参照）。これは後でカラ

写真12　首にうろこ模様のないドバト（上）と、あるキジバト（下）

スのところで説明しますが、構造色《こうぞうしょく》と呼ばれるものです。羽が微細な構造を持っていて、角度によって異なった色を反射するので、動くたびに色が変わってきらきらして見えるのです。対してキジバトは、全体にうっすらとピンクがかった茶色です（口絵参照）。桃を全体的にすこし茶色くした感じでしょうか。そして、首には縞模様、背中部分にはうろこ状の模様があります。「全体的に灰色っぽければドバト、全体的に茶色っぽければキジバト」あるいは「首に縞、背中はうろこ状であればキジバト、それ以外はドバト」と覚えていれば大丈夫です。

ドバトの体色は、個体によって異なり、いくつかのタイプに分けられます。真っ白なもの、黒色のもの、赤褐色のもの、まだらのもの、翼には2本の黒い線があるもの、などです。

普通、生き物というのは、種によってだいたい色が同じです。せいぜいあっても数タイプです。なぜかといえば、ある一つの種の中で、長い世代を経ると、どれか有利な体色に、あるいはあまり有利でないにしても、偶然どれか一つに収まっていくものだからです。

例外的に、一つの種の中でも複数の体色タイプが維持されることもあります。地域によって生存に都合が良い色が異なる場合などです。実際、我々ヒトという種は、生息している地域によって、髪、目、皮膚の色などに違いがあります。これは、それぞれの地域で、それぞれの環境に都合の良いように進化した結果だと考えられます。しかし、ドバトは同じ場所にいるのにいろいろな体色があります。それは、ドバトがそもそも野生の鳥ではないことに起因しています。

†ドバトは人がつくりしもの

ドバトは、日本にもともといた鳥ではありません。というか、この種は世界のどこにも自然には分布していません。

アジア、アフリカ、ヨーロッパには古くから、カワラバトという種が生息していました。人間がこれを飼育・交配させて、その結果、たくさんの品種を生み出しました。食用、観賞用、通信用、芸や競技をさせるためのものなど、分け方によってはその数は50以上になります。

人が意図的に選抜したものなので、それらの品種の中には、自然界の常識では考えられないような姿を持ったものもいます。たとえば、観賞用のハトの一つにポーターと呼ばれるのがいます。胸の部分がやたらと盛りあがり、全体的にマッチョなハトです。自然状態

写真13　胸の部分が無駄に大きいポーター

写真14　襟巻をまとったジャコビンバト

では無駄なので、このような姿にはならないと思います。それから、ジャコビンバト、別名エリマキバトというのもいまして、その名の通り、襟巻のような羽毛の飾り羽をまとっています。自然界には、シギの仲間にエリマキシギというのがいて、同じようにエリマキをまとっていますが、ジャコビンバトほどではありません。ジャコビンバトの場合は、エリマキのために、ほとんど自分の前方しか見ることができません。自然状態で、こんな風になってしまっては、餌も探しにくいですし、捕食者の接近に気づけなくなってしまいます。

このようにカワラバトから、さまざまな形態を持ったハトが生み出されました。そのうち、通信用としての伝書鳩が生まれました。さらに、通信から競技へと発展し、そこで使われるレース鳩も生み出されました。それらが野外に逃げ出し繁殖を始めたものがドバトなのです。伝書鳩、レース鳩について知っていると、現在のドバトの生態を理解するのに役立ちますので、しばし、それらについてページを割くことにします。

†ドバトの起源は伝書鳩

人がカワラバトを飼い始めたのは、紀元前3000年ごろ、そして、ハトを通信のために使うようになったのは、それ以後のことだと言われています。少なくとも紀元前766年に行われた古代オリンピックでは、参加選手が、伝書鳩を飛ばして故郷に自分の結果を連絡したという話が残っています。

伝書鳩は、交通網が発達していない時代において、非常に便利な連絡方法でした。なにせ伝書鳩は、山、谷、川を難なく越えて、時速70~80キロメートル、風に乗ればもっと早い速度で、手紙はもちろん、数グラム程度のものを運んでくれるのですから。

ところで、伝書鳩は、どうやって目的地まで飛んでいくのでしょうか。当然ながら、A地点からハトを放して、勝手にこちらの希望するB地点にまで行ってくれるわけではありません。

簡単にいえば、目的地であるB地点で、しばらくの間、ハトを飼います。すると、そのハトは自分の家がB地点だと認識します。そして、A地点へ持っていって放すと、我が家であるB地点へと向かって飛んでいってくれます。放す地点はどこでもかまいません。訓練された優秀なハトならば、数百キロ離れたところから放されても、ちゃんと家まで戻っていきます。

このハトによる情報伝達は片道通信です。なぜなら、ハトが飛んでいくのは、そのハトが自分の家だとおもっている場所だけだからです。

もしA地点とB地点の間で相互通信をしたければ、A地点からB地点に行くハトと、B地点からA地点に行くハトの両方をつくり出さなければなりません。しかも、これだけだとそれぞれの地点にハトが溜まっていく一方なので、定期的に人の手によってAからBあるいは、その逆のBからAにハトを運ばなければなりません。

この手間を克服した往復通信というのもあったようです。ハトに片方を家、片方を餌場として教え込むわけです。ただし、それを正しく覚えることができるハトは多くなかったようですし、距離もそれほど遠いものはできなかったようです。

†伝書鳩からレース鳩へ

伝書鳩は実用を目的としていますが、より純粋に速度を競うことを目的とした、レースが行われるようになりました。そのために、品種改良されたハトがレース鳩です。

ハトのレースでは、ある場所からレース鳩たちを放って、目的の場所にいかに早くたどり着くかを競います。日本では、100キロメートル程度の短距離から1000キロメートル程度の長距離のレースがあります。

たとえば、函館を出発して東京がゴールのレースでは、参加できるハトは、東京で飼われているレース鳩です。東京で飼っている人たちが、函館までハトを連れていって（あるいは委託して運んでもらって）、函館で放すのです。すると、レース鳩たちは、自分の家が東京であるとわかっているので、東京まで飛んでいってくれるわけです。

ハトのレースでは、我々が行うマラソンレースと異なり、ゴールが一ヶ所に決まっているわけではありません。もし、それをしようとすると、レースに参加するすべてのハトに、ゴールの一地点を覚えさせなければなりません。そうではなくて、それぞれのレース鳩の飼い主の鳩舎がゴールとなります。飼い主たちは、自分のレース鳩が鳩舎にたどり着いた時刻を主催者に報告し、それが集計され、平均速度で順位が決まるのです。

†どうやって帰る方向がわかるのか

伝書鳩にしても、レース鳩にしても、ハトはどうやって目的地の方角がわかるのでしょうか。

想像してみてください。自分が家で寝ているときに、こっそりどこかに運ばれたとしましょう。起きたところは見知らぬ場所。そして「さあ家に帰れ」と言われても、途方にくれてしまいます。太陽の位置などから、どっちが北でどっちが南かはわかるかもしれません。ですが、それだけでは、自分の家との相対的な位置関係がわかりませんから無意味です。我々は地名に関する知識があるので、仮に、自分が寝ていたのが東京で、連れていかれた場所の住所が、道路標識などから北海道であることがわかれば、南へ行けばいいとわかります。

つまり、自分の家に帰るためには、「自分の家と運ばれた場所の絶対的な位置（たとえば、北海道は北、東京は南）と、帰るべき方角（あっちが南）」、あるいは「相対的な位置関係（たとえば、家の方角はあっち）」のどちらかが必要です。

すべてが解明されたわけではありませんが、伝書鳩・レース鳩は、太陽の方向、地磁気、地形、臭いなどの情報を総合的に用いて、帰るべき方向を判断しているようです。

こういった自分の位置や方角を判断する能力は、鳥には必須のものです。なぜなら、多くの鳥は秋冬に渡りをするからです。加えて、一日のうちでも方向感覚は必要です。鳥にとって、餌のある位置は毎日変わります。なぜなら、ある場所の餌の量は有限ですので、何日かで食べつくしてしまうからです。我々にしてみれば、毎日スーパーの位置が変わるようなものです。その度に迷子になっていては、どうにもなりません。海鳥の一種であるオオミズナギドリは、巣のある岩手の沿岸から北海道の沿岸まで餌を採りにいって、ちゃんと帰ってきます。海のような目印が乏しいところでも迷わないのですから、大したものです。

ドバトの大本《おおもと》の祖先であるカワラバトにも、方角を見定める能力はあったはずです。ただし伝書鳩やレース鳩に品種改良された段階で、その能力は極限まで高められたといっていいでしょう。なぜなら、人は、より早く帰ってくる伝書鳩・レース鳩を選抜してきたからです。伝書鳩・レース鳩として育てて、帰ってこないものは、その段階で脱落しますし、早く帰ってくるもののうち、優秀なものは、種馬ならぬ種鳩としてさらなる品種改良に使われました。こうして、帰巣能力が人為的に高められたのが、伝書鳩やレース鳩なのです。ちなみにドバトの帰巣能力は、それほど高くないことが実験的に確かめられています。

†日本にはいつからいた？

人間がカワラバトを伝書鳩あるいはレース鳩として品種改良し、それが逃げ出して、野生に戻ったものがドバトです。しかし、元となったカワラバトは日本に生息してはいません。つまり、海外で品種改良された伝書鳩やレース鳩が日本に輸入され、それが日本国内で逃げ出して野生化したのが現在のドバトなのです。では、このドバト、いつごろ日本に持ちこまれたのでしょうか。

少なくとも平安時代の文献には、今のドバトだと思われるものが書かれていますので、そのころにはいたと思われます。

当時は、ドバトではなく、ドウバトと呼んだようです。漢字で書くと、堂鳩。つまり、お堂によくいるからということなのでしょう。ヨーロッパでも寺院などでドバトが飼われていました。その風習が日本にも伝わって、寺院で受けいれられるようになったのかもしれません。あるいはドバトのほうが、元来そういう環境を好んでいた可能性もあります。

†出自はさまざま

その「堂鳩」が連綿と生き続けて、今のドバトを構成しているかというと、それだけではありません。

まず堂鳩、あるいは伝書鳩は、その後も、日本に輸入され続けています。

そして、ここ100年程の間は、日本でも盛んに飼われるようになったレース鳩から逃げ出したものがドバトになっていると思われます。鳩レースに参加した全てのハトが無事

図7　ドバト（上）とレース鳩（下）の違い

ゴールに帰ってくるわけではありません。長距離になれば、帰還率は下がります。もちろん、けがをしたり、体力を消耗したりしたところを、猛禽に襲われて食べられてしまったものもいるでしょうが、鳩舎に帰ることができずに、そのまま野生化したものもいるでしょう。

ただし、レース鳩は、いわばハトの世界のサラブレッドであり、体格や見た目はドバトと違います。目が大きくて、がっしりとした筋肉をしています。足環《あしわ》もついています。すぐに見分けはつきます。レース鳩が野生化してどんどんドバトになっているわけではないと思います。それでも、なかには野生化するものもいるでしょうし、一部のレース鳩は、野生のドバトと交配してその遺伝子が、現在のドバトの中に供給されているのではないかと思われます。

さらに、一時期、いろいろな催し物でも飼い鳩（伝書鳩やレース鳩）が放たれていました。たとえば、1964年の東京オリンピックの際には、8000羽のハトが放たれたそうです。ちなみにオリンピックでハトを放つのは、日本独自の慣習ではなく、当時のオリンピック憲章には、聖火の点火に引き続いてハトを放つことが書かれていました。

なぜ放たれるのがハトかといえば、古代メソポタミアにおいても、キリスト教においても、ハトは神聖視されていましたので、そのあたりから平和の象徴として見なされるようになったのだと思われます。

こういった式典でハトを放つことは、最近は随分と減りましたが、以前は、市の小さな式典でも行われており、ハトを放つための小学生が募集されたりしていました。このハトたちを準備するのは、ハトを飼っている方や、専門の業者の方です。もちろん、彼らはハトが帰ってくることを望んでいるわけですが、何らかの事故に見舞われてか、帰ってこないものもいます。それらが、ドバトとして供給されているものと考えられます。

まとめると、現在のドバトは、三つのものから構成されていると思われます。

① 古代、あるいはその後に定期的に大陸から持ち込まれた飼い鳩が野生化したもの
② レース鳩が野生化したもの

③ 式典で放たれた飼い鳩が野生化したもの

どれがどれくらいの割合で混ざったものなのかは、記録がないのでわかりません。

なお、手品で使われているのは、ドバト（33センチメートル）よりも一回り小さいジュズカケバト（27センチメートル）と呼ばれる別種のハトですから、手品のハトが逃げ出して、ドバトになることはありません。

3 ドバトの恋愛と子育て

†ドバトたちの恋

こういったいろいろな出自のハトが、現在のドバトを構成しています。

そう考えると、ドバトの性質にも納得がいくかもしれません。ドバトの体色が個体ごとに違うのは、絶えず、いろいろな形で新しい遺伝子が供給されているためと考えられます。

ドバトが群れているのは、人が一緒に飼うことをしてきたからです。人を恐れないのも、そういうハトを選抜してきたからでしょう。もし人を怖がるようだったら、伝書鳩やレース鳩としては失格ですから。

もちろん、逃げ出しただけでは増えていきません。ハト同士で繁殖しなければならないのですが、その際の事前行為であるハトの求愛行動というものは、見ていて実に面白いものです。

公園でハトを見ていると、1羽のハトがもう1羽のハトをしつこく追いかけていることがあります。この場合、追いかけているのがオスで、追いかけられているほうがメスです。多くの鳥では、オスのほうが、きらびやかな色をしていますが、ハトの場合は、いろんな体色があるので、そうとは限りません。ツートンカラーのほうがメスで、オスは、特徴のない色をしている場合もあります。ただ多くの場合、オスのほうが体が大きいので、2羽が並んでいれば大きいほうがオスと判断できます。

メスのほうは追いかけられているといっても、オスに攻撃されているわけではありません。オスは、前を歩くメスの後ろを10~50センチメートルほどの距離をとって、近づきすぎないように、かといって離れすぎないように、トコトコついていく感じです。

オスに追いかけられて、メスのほうが嫌がっているかどうかは分かりません。実際、迷惑そうにメスがオスを追い払う場合もあります。しかし、適度な距離をとって、駆け引きをしているように見える場合もあります。だいたい人間同士だって、傍から見ていて、言い寄られているほうが本当に嫌がっているかどうかは分からないんですから、ハトであればなおさらです。

✝求愛のお作法

求愛にはいろんなパターンがあるのですが、一例をお話しします。まずは先ほどのような追いかけっこをします。そして、そのうちメスが立ち止ります。するとオスは、メスの首筋のあたりを、ちょこっと羽づくろいします。そして、またちょこっと羽づくろいします。本当に一秒か二秒の羽づくろいです。それを10回から20回繰り返します。メスもまんざらではないようです。

今度は、メスが首をかしげます。するとオスも首をかしげます。それを10回とか20回とか繰り返します。これがどんなことを意味するかは、推測にすぎませんが、こんなことが考えられます。たとえば、人の場合、女性が首をかしげて、それに無反応な男性よりも、いっしょに軽く首をかしげてくれるほうが愛嬌があります。一方が笑ったら、笑ったほうが興味を示していることになります。一般に相手がとった行動と同じ行動をとることは、相手に好意を持つ、あるいは害意を持たないことを意味することがあります。おそらく、それと同じことではないかと思います。

写真15　求愛の甘噛み（体が大きいのでおそらく右がオス）

話を戻して、首をかしげたあとですが、互いにくちばしを甘噛みして、上下に動かすような仕草をします。そんなことを繰り返していると、だんだんメスもその気になるのか、しゃがみます。これはオスに「交尾をしてもいいよ」という合図なのでしょう。するとオスがメスの上に乗って、交尾が完遂されます。公園の広場、道路標識の上などの公衆の面前で事に及んでいるペアもいます。

他にも求愛の仕方はいろいろあって、2羽で並んで同じ速度で歩いたり、2羽で並んで飛んだりします。これも先ほどあったように「動きをあわせる」ということなのでしょう。それ以外に、枝を咥えて、それを落とす行動を繰り返すこともします。なぜそれが求愛になるのかはよくわかりませんん。少し考えすぎかもしれませんが、餌を採る姿や、巣づくりを想起させるのかもしれません。

†恋路の邪魔は許さない

「人の恋路を邪魔する奴は、馬に蹴られて死んじまえ」という都々逸《どどいつ》がありますが、恋路を邪魔されて怒るのはドバトも同じようです。私が見たドバトのオスは、スズメに恋路を邪魔されて、馬に蹴らせる代わりに、自らスズメを「巴投《ともえな》げ」していました。

ある公園で、ドバトのオスがメスに求愛をしていました。どうも、そのメスはオスに対してあまり気がないようです。そのうち、年配の男性（もちろんヒトです）がやってきて、ハトに餌を撒き始めました。すると、メスのほうは、オスよりも餌に興味があるようで、餌のところへ行って食べ始めます。オスもメスを追いかけます。その餌につられて、周囲からスズメも20羽ほどやってきました。餌を食べているドバトのメス、それに対して求愛したいドバトのオス、そしてその周囲に20羽ほどのスズメの群れ、という状態です。

求愛しようとしているオスのドバトとしては、まとわりついているスズメが気に入らないのか、あるいは、メスが自分に興味を持ってくれないことへの八つ当たりなのか、足元にいるスズメたちを、つつく、あるいは、追い払うような行動をし始めました。もちろん、スズメは、ぴょんと逃げますが、数十センチメートルほど逃げるだけで、すぐに餌を食べ

写真16　恋路の邪魔は許さない！　スズメをほうり投げるドバト

るのを再開します。

ドバトのオスは、スズメたちを追い払う動作を、何回か繰り返していたのですが、それでもスズメは餌を求めて、オスのドバトのまわりを巡ります。そのオスのドバトは、ついに堪忍袋の緒が切れたのか、1羽のスズメの尾羽を咥えて後ろに投げ飛ばし始めました。つかんでひょい、つかんでひょい、という感じです。3羽ほど投げ飛ばし、スズメのほうもこのハトには近づかないほうがよいと思ったのか、距離を置くようになりました。

恋路の邪魔をされると怒るのは鳥でも同じようです。ちなみに巴投げだと、背中をつけないといけませんから、ジャーマンスープレックスといったほうがいいかもしれません。

✝木の上にはないドバトの巣

交尾をしたら、巣をつくって卵を産まなければなりません。

鳥の巣は木の上にある、というイメージをお持ちの方もいらっしゃるかもしれません。しかし、ドバトが木の上に巣をつくることはありません。絶対ないかといわれれば、あるかもしれませんが、少なくとも私は知りません。原種であるカワラバトも木には巣を架けず、崖の窪地に巣をつくります。ですから、ドバトもその生態を引き継いでいて、木に巣をつくる性質を持っていないのではないかと思います。

では、現代の日本でドバトがどこに巣をつくるかといえば、人工構造物の棚状になっている場所です。たとえばビルの壁面の窓の外に足場があるところ、配管や梁の上などです。これらの場所は、材質はコンクリートなどの人工物ですが、彼らにとっては、原種の生息環境にあった崖の窪地と同じなのかもしれません。他には、石垣の隙間、洞窟内の棚状の

写真17　精巧さに欠けるドバトの巣（撮影地：チェコ）

写真18　ドバトが巣をつくれないように設置された剣山

ところ、木に空いた穴に巣をつくった例もあります。マンションのベランダに巣をつくることもあり、インターネットで検索すると、自分のベランダでドバトが育っていく様子を観察した日記なども出てきます。

ただし、ドバトがベランダに巣をつくると、糞で汚れますし、臭いも出て、やっかいです。私は福岡に住んでいたことがあるのですが、ドバトがベランダに来ないようにするために、マンションのベランダがある側の面を、屋上から地上まですべて網で覆っていた建物もありました。

†いい加減なつくりの巣

ドバトの巣のつくりは、かなりいい加減です。一般に、鳥の巣というのは、人の手でつくれるようなものではありません。我々が枝を持ってきて、それを丸くお椀型に組むのはもちろん、ちょっとやそっとでは壊れないようにすることは容易ではありません。それくらい精巧にできています。さらに世界の鳥の中には、ほとんど信じられない芸当ですが、クモの糸を使って葉っぱを縫いあわせる、その名もサイホウチョウ（裁縫鳥）もいます。

それに対して、ドバトの巣は、枝を適当に並べただけのものです。私でもつくれてしまいそうです。粗雑な場合には、枝が組まれてさえおらず、20本くらいの枝がコンクリートの上に置いてあるだけのものもあります。さらに、自分で巣材すら調達せず、植木鉢にそのまま卵を産むということもあるようです。卵が割れてしまわないかと思いますが、ひょっとしたら、ドバトの卵の殻は衝撃に強く、粗雑に扱っても大丈夫なのかもしれません。ドバトの卵は、たいていは2つで、真っ白です。大きさは、長いほうが4センチメートル弱ですから、うずらの卵とニワトリの卵の中間といったところでしょうか。

巣は、ぽつんと単独である場合もありますが、駅構内の配管の上、橋げたや高架下に棚状の構造が連続していれば、数メートルの距離をおいて、巣が密集している場合もあります。

†ドバトの子育て

2つの卵は、親鳥に温められて、16日くらいで孵化します。鳥の中にはメスだけが卵を温めるものもいますが、ドバトは日中、夫婦で交代して卵を温めます。だから巣にいるかどうかだけでは、オスかメスかはわかりません。ところが夜は、観察例数が少ないので確実かどうかわかりませんが、メスが抱いているようです。この卵を抱く時間帯の性質から類推して、夕方あるいは早朝に抱いているほうがメスと判断できるかもしれません。

孵化したばかりのヒナの体重は15〜20グラムで、その時点で既に、スズメの親鳥（20〜24グラム）に近い重さを持っています。生まれたばかりのスズメは2グラムくらいですから、ドバトのヒナは10倍の巨漢です。当たり前のことですが、体が大きな鳥は、小さなころから大きいというわけです。

孵化したばかりのヒナは目が見えていません。5日目くらいに目が開きます。17日くらい経つと、歩けるようになって、巣の外に出歩くこともあります。ときどき、ドバトのヒナが保護されたりしますが、これ以降のことが多いようです。

孵化後28日ごろには体の羽毛が生え揃い、親鳥に近い色合いになります。そのころから、羽ばたきの練習を始め、孵化してから換算すると35日ほどで巣立ちます。餌がたくさん食べられるとか、気温が高いなどの好条件が整うと、成長はもっと早く、孵化後30日も経たずに巣立つこともあります。

†基本は植物食

卵のときは卵の中に栄養があるので、温めれば発生が進んでヒナが孵化します。しかし、その後は、外部から餌をやらないと大きく育ちません。では、ドバトの親鳥はヒナに何を食べさせるのでしょうか。そこには驚くべき点があるのですが、その話をする前に、ドバトの親鳥が食べるものについて確認しておきます。

写真19　公園で餌を採るドバト

ドバトは、植物食の鳥です。といっても、葉をむしゃむしゃ食べるわけではありません。主に、若芽、花の蕾《つぼみ》、実を食べます。食べる木の種類は決まっていないようです。サクラ、ツバキ、エノキ、クスノキ、ムクノキ、シャリンバイなど、街路や公園にある樹木をいろいろと食べています。

公園などでは、人からもらった餌もよく食べます。人が与える餌は、なんでも食べている気がしますが、基本、こちらも植物食です。固い豆、お米、パン、ポップコーン。普段から餌付けされている公園では、少々意地悪をして、ポケットやカバンに手をいれて、何かを振りまくような素振りを見せるだけで、ドバトが集まってくることもあります。

植物しか食べないかと思いきや、数少ない報告例としてカタツムリやウジを食べた記録がありますので、こっそり、いろいろ食べているのかもしれません。

実は哺乳類？

親鳥は基本的に植物食ですが、ヒナには何を食べさせているのでしょうか。あまりに当たり前のことですが、多くの鳥は、親鳥が巣の外で餌を採って、それを巣に運んでヒナに与えます。たとえば、スズメは草っぱらでバッタを捕まえてきて、それを巣に持ってきます。フクロウの仲間は、森の中でネズミを獲ってきて、それを巣に持ってきます。タカの仲間は、ヘビを持ってきます。こういった鳥たちが、ヒナに餌を与えている場面の写真や動画は見ごたえがあります。

しかし、ドバトを含めてハトの仲間では、こういったシーンを撮ることは不可能です。なぜなら、ハトの仲間は、なんとミルクで子育てをするからです。

つまり、ハトは我々人間も属している哺乳類（乳を子供の口に含ませて育てるという意味）と同じ性質を持っていることになります。もちろん、ドバトは哺乳類ではなく鳥類です。鳥には乳房がありませんから、本当の意味での哺乳類のミルクとは異なります。

では、どうやってミルクを出すかです。

ミルクを出す場所は、食道の一部です。ヒトでは食道は、口と胃の間の通路として役立っています。胃液の逆流を防いだり、食べた物の温度を胃にたどり着く前に体温に近づける役割をしています。一方、鳥の場合は種によって異なる多彩な機能を持っています。ある種では、食べ物を一時的に蓄える役割をしています。別の種では、本格的な消化の前の簡単な消化を行うこともあります。食道を広げて（つまり、のどの部分を膨らませて）メスを誘引するために使うものもいますし、自分の声を反響させるために使う鳥もいます。

そしてハトの場合は、この食道の部分で、ミルクをつくり出すのです。組成は、タンパク質と脂肪、必須アミノ酸を含んだ粥状のものです。哺乳類のミルクに比べて、糖分が少なめという違いはありますが、組成は似ています。どうやってミルクをつくり出しているかというと、自分で食べた物を消化・分解して、食道の一部の細胞からミルクとして分泌する、あるいは細胞ごと剝離したものをヒナに与えるのです。これはピジョンミルクと呼ばれています。哺乳類では、基本的にメスしか出せないミルクですが、ハトの場合は、オスも出せます。

†ピジョンミルクの効用

ドバトのヒナは孵化後、1週間ほどはピジョンミルクのみによって育ちます。その後、親鳥は、ピジョンミルクと、普通の餌の吐き戻しを混ぜて与え、ヒナが大きくなるにつれて次第に吐き戻しだけに移行します。ただ結局のところ、ハトの餌やりは、ヒナが親鳥の口の中にくちばしを突っ込む形になるので、親鳥が捕まえてきた餌を、子に与えるというようなシーンは見られません。

ピジョンミルクによって子育てすることには、三つの利点があります。一つ目は、ピジョンミルクは消化しやすく栄養分の多い組成になっているので、ヒナにとって消化効率の良い餌であるということです。二つ目は、親鳥が巣に帰ってくる頻度が少なくて済むということです。スズメの場合、最も忙しい時期には、親鳥は数分に一度のペースで巣に餌を運んできます。しかし、ハトの場合は、自分が餌を探して、それをミルクに変えている間は、帰ってくる必要がありません。そして最後の利点は、このピジョンミルクによって一年中繁殖できることです。普通の鳥では、春から夏が子育ての時期です。昆虫食のものであれば、この時期にしか十分な量の餌は手に入りません。しかし、ハトは、子供専用の餌が要《い》りません。親鳥が食べていければ、子育てもできます。そのため、普通の鳥よりも、季節にとらわれずに子育てができます。極端にいえば、真冬でも子育てができ、実際にドバトについては11月や2月に卵を抱いている姿が確認されています。

†ドバトは減っている?

ドバトは、ピジョンミルクによって一年中繁殖できるのですから、大いに増えていきそうなものです。しかし、実際には、その数は減っているかもしれません。かもしれないと書いたのは、スズメについては、ある程度、減っているという根拠を示すことができたのですが、ドバトについてはあまり情報がないので、はっきり言えないからです。

なぜ情報が少ないかといえば、ドバトは、バードウォッチャーから野鳥とみなされていないので、記録として残らないことが多いからです。鳥の図鑑を見ても、ドバトは、飼われていたハトが野生化したものと位置付けられていて、ハトの項目に載っていないことさえあります。個人的には、ドバトも記録してもらえると、将来的にドバトが増えたかどうかといった議論ができるので、ぜひ記録をお願いをしたいところです。

かように情報は少ないのですが、局地的には、ドバトが減っているという記録はあります。たとえば、東京の浅草寺や明治神宮では激減していることがわかっています。

この背景には、ドバトによる害が問題になって、みだりに餌を与えないようにというお達しが環境庁（1981年のことなので、当時はまだ省ではなく庁でした）から出されたということがあります。

ドバトによる害には、複数のものがあります。まず、豆類など農作物への害があります。つぎに、人家近くにドバトが巣をつくれば、臭いがしますし、ヒナの声も嫌われます。糞には人に感染する恐れがある菌も含まれています（だからといって、過度に気にする必要はありませんが）。さらに、糞には美観を損ね、木造の歴史的な建造物を物理的に傷めるといった作用もあります。

そこで、環境庁から、「公園利用者に対して、みだりに給餌《きゅうじ》を行わないように啓蒙する」「社寺境内におけるドバト用の餌の販売を自粛するよう指導する」などのお達しがでて、ハトに餌を与えることが自粛されるようになったのです。これによりドバトの数は減ったと考えられます。

それ以外にもドバトが減った理由として、供給されるドバトの数が減った可能性が挙げられます。先に、ドバトは、レース鳩や式典の際に放たれる飼い鳩から供給されている面があることを述べましたが、レース鳩に関わる人たちの数は減っていますし、式典で飼い鳩が放たれることも減ってきました。

加えて、ドバトの捕食者が町の中に進出してきたことも関係しているかもしれません。近年、オオタカ、ハヤブサといった、それまで町では見かけなかった猛禽類が、町の中、あるいは、町のそばに巣をつくるようになってきました。それらが、ドバトをよく襲っています。

こういった複合的な要因によってドバトは、減少傾向にあるのかもしれません。

4　山鳩の別名を持つキジバト

町の中にいるもう一種のハト

ドバトほどではないけれど、町中でよく見かけるハトがキジバトです。群れることが多いドバトに対し、キジバトのほうは、単独あるいは、夫婦とおもわれる2羽で行動しているのをよく見かけます。

キジバトは、ドバトと違って古くから日本列島に自然に分布していました。それゆえ、キジバトは、ドバトのように人に慣れておらず、硬派な野生のハトといえます。公園などで、餌をやっている方がいて、ドバトが、その方の足元にまで行って餌を食べたり、さらには、その方が座っているベンチの背もたれに止まって、餌をねだるのに対し、キジバトは、その外周部で警戒しつつ、おこぼれを狙うという感じです。

ドバトとキジバトでは、生息場所にも違いがあります。ドバトは、基本的に人の生活圏の中心地帯にいます。特に、駅のまわりなど、都市の中でも中心部に多くいます。一方、キジバトがいるのは、庭木の多い住宅地や神社や公園の近くです。一番多いのは、農村でしょうか。そして深い山の中にもいます。

†町の中の新参者

本来、キジバトは山の中の鳥でした。年輩の方の話では、キジバトは人を見るとすぐ逃げる鳥だったようです。一昔前まで、キジバトが電線に止まれば、それが話題になるほどだったといいます。名前も古くはヤマバトと呼ばれており、その名の通り山の中にいるハトでした（ただし、ヤマバト＝アオバトと思われる記述もあります）。

そのキジバトが、都市でも見られるようになったのは昭和30年ごろからです。新聞などを見ると、昭和50年代になっても、都心で繁殖するキジバトがニュースとして取り上げられていますから、まだまだ珍しいことだったのです。ところが、今やキジバトが町の中で繁殖していても、当たり前のことになっています。それどころか、ドバトと同じくらい人に接近して餌をもらい、人工構造物に巣をつくるようになり始めています。

キジバトが、なぜ、ここ50年ほどで町の中に出てきたかはわかりません。一つの要因として、空気銃の取り締まりを挙げている方がいます。私にとっては生まれる以前の話ですので、よくわかりませんが、昭和30年ごろ、町の中で空気銃で鳥を撃つことが、しばしば行われていたようです。新聞を検索すると、空気銃の弾によって窓ガラスが割れた、人がけがをした、という記事が見つかります。その空気銃が規制されるようになって、キジバトも安心して町の中に出てこられるようになったのかもしれません。ただ、それだけが理由だとすると、他の鳥も町の中に出てきてよいわけですから、キジバト自体に、そもそも町の中でも繁殖できる素地があったからなのでしょう。

キジバトも、ドバトと同じように求愛ディスプレイをしたり、甘噛みをしたりするらしいのですが、私は見たことがありません。ドバトは数も多いですし、人目につくようなところでも構わず事に及ぶのに対して、キジバトは昔より人慣れしたといっても、まだまだ警戒心が強いからでしょうか。

キジバトが、ドバトよりも目立つところといえば声です。デーデーポーポー、デーデーポーポーという特徴的な声を聴いたことがないでしょうか？　後半のポーポーが少し高めです。庭木があるような住宅地では、日の出直後くらいから、この声をよく聴きます。おそらく一般の鳥のさえずりと同じ機能を持っていて、メスに対して求愛し、かつ、このあたりは自分の縄張りであることを宣言しているのでしょう。

余談ですが、この「デーデーポーポー」というハトの声は、鳩時計の音と異なります。鳩時計は最近見る機会が減ったような気もしますが、12時の文字盤の上に小窓があって、特定の時間になるとそこからハトが出てきて、時間の分だけ鳴いて引っこむというものです。「舶来ものだから、海外のハトの声なのでは？」と思うかもしれませんが、そうではないのです。鳩時計の英語名は、「ピジョン・クロック」でも「ダブ・クロック」でもなく（ピジョンもダブもハトの仲間を表す単語です）、なんと「カッコウ・クロック」なのです。そう言われれば、鳩時計から出てくるハトは、「ポッポー、ポッポー」と鳴きますが、「カッコー、カッコー」と同じ節です。カッコウは別名を閑古鳥《かんこどり》といいます。「閑古鳥が鳴く」といえば、さみしい雰囲気を意味して印象が悪いので、「カッコウ・クロック」を日本に持ってくるときに、「鳩時計」にしたということのようです。

写真20　樹上にあるキジバトの巣

さて話を戻します。先にドバトは、木の上に巣をつくらないといいましたが、キジバトは、本来が山に生息しているハトですから、木に巣をつくります。ドバトと同じように、配管の上などに巣をつくることもありますが、稀な事例です。

木の枝に、枝を組み合わせて直径30センチメートルほどの巣をつくります。枝はしっかり組んであって、ドバトの巣のように、枝を置いただけの、いい加減なものではありません。とはいえ、やはり他の鳥の巣ほど精巧とはいえず、無骨な感じは否めません。

冬になって、葉が落ちた街路樹に鳥の巣が残っていることがありますが、幹近くにある直径50センチメートルを超えるようなものはカラスの巣でしょう。それよりも、ひとまわりかふたまわり小さく、しかも横枝の途中にあるようなものは、キジバトの巣の可能性が大です。

✝見つけにくい巣

木の上にあるキジバトの巣を、葉がある時期に見つけるのは困難です。冬になって葉が落ちてから、毎日歩いていた道の街路樹に巣があったことにはじめて気づくこともあります。毎日歩いていれば気づきそうなものですが、なかなかそうもいかない理由があります。というのも、キジバトは巣への出入りが極端に少ないのです。たとえばスズメなどは、多いときであれば、数分に一度くらいの頻度で出入りがあるので、巣があれば、だいたい気づきます。ところがキジバトの場合は、少ないと一日に数回、多くても十数回です。キジバトもドバトと同じく、ピジョンミルク、あるいは、吐き戻しによってヒナに餌を与えるので、巣に戻ってくる頻度が少なくて済むのです。しかも、ドバトよりも孵化から巣立ちまでが短い傾向にあって、早いと孵化してから2週間ほどで巣立ちます。

また、ドバトの巣は、同じ場所に複数あることがあるのに対し、キジバトは縄張りを持つので巣は単独であります。そのため、より見つけにくくなります。なお、キジバトは古巣を使うことがよく知られていますので、冬の街路樹にキジバトらしき巣を見つけたら、翌年よく見ていると、また繁殖をするかもしれません。

5　ドバトとキジバトの違い・共通点

✝強力な消化

キジバトも、ドバトと同じく植物食者であり、穀物や豆などをよく食べます。

一般に植物の実というものは、種子のまわりの水分の多いところが鳥に食べられて、種子そのものは残るのが普通です。たとえば鳥たちは、柿の実のような大きなものであれば、果肉部分をつっついて食べ、種子は食べません。小さな実であれば丸ごと食べて、果肉部分を消化し、種子の部分は未消化のまま糞として排出します。そして、そこから発芽します。鳥のおなかの中を通ることで、発芽が促進されるものまであります。

これは、植物側の戦略で、鳥たちを誘引するために、わざわざ種子の周りに果肉をつけているのです。果実の鮮かな色合いも、鳥たちをおびき寄せるためです。そうやって、種子を散布してもらうように進化しているのです。我々が食べるフルーツが甘いのもそのためです。もちろん、品種改良によって、野生のものよりもずっと甘くしてありますが。

ところがキジバトの場合は、タネの部分まで消化してしまうのです。植物食に特化したために、そこからもエネルギーを得るようになったためでしょうか。植物にとっては迷惑な鳥といえます。種子のように堅いものを消化液だけで消化するのではありません。構造的に、我々よりもずっと堅い胃を持っており、そこに小石などを入れておいて、物理的に磨り潰すのです。

ドバトもキジバトと同様に種子を消化していると思われます。ただし、ドバトの巣の下に落ちていた種子から発芽したと思われる例もあります。基本的には消化するのでしょうけれど、人の餌に依存する部分が大きいので、消化機能がキジバトよりも多少劣っているのかもしれません。

†キジバトは獲ってもよいハト

鳥の中には、いくつかの決まりを守れば、獲ってよいものがいます。スズメもそうですし、カモの仲間にもいくつかいます。現在、日本では30種弱の鳥が獲ってよい鳥として指定されています。

鳥を狩るなんてかわいそうと思うかもしれません。私も、子供の頃はハンターが憎くて仕方ありませんでした。なぜなら、自分が好きな鳥たちを撃っているわけですから。ですが、農業被害をはじめとして、人と野生動物の間の軋轢《あつれき》をなくすためには、狩猟や駆除はなくてはならないものです。ハンターの方は、人と自然の関係を持続的なものにするという重要な役割を持っていて、もっとも自然保護に貢献している人たちといってもいいでしょう。近年は、ハンターの方の数が、高齢化によって減ってきているので、今後どうするかは大きな課題となっています。

さて、その狩猟により捕獲が許可されている鳥の中に、キジバトも含まれています。キジバトは、農業被害をもたらしますし、食用としても適しているからです。食用に適しているかどうかは大事なことです。狩猟をする方だって、ボランティアでやっているわけではありません。獲って、それが個人の食料として、あるいはそれを売ることで経済的な利益を得なければ、やってられません。私はキジバトを食べたことはないのですが、『山賊ダイアリー』というマンガの中では、ハンターである著者が、自分で獲ったキジバトを、ありがたく、かつ、おいしそうに頂いている描写があります。

キジバトを獲っていいなら、ドバトもよさそうなものですが、ドバトは捕ってはいけないことになっています。先ほど、ドバトにむやみに餌を与えないようにというお達しが出たという話をしましたが、その際に、ドバトによる害を積極的に減らすために、ドバトを狩猟鳥として指定することも検討されたようです。

しかし最終的には、狩猟鳥に指定されることはありませんでした。理由は主に二つあります。一つには、ドバトがいるような場所は町の中ですから、鉄砲は使えず、実際問題として狩猟が難しいことです。そして、もう一つは、ドバトとレース鳩の区別がつきにくく、レース鳩が誤って殺される危険性があるからです。

ちなみに、ドバトが狩猟鳥になったとしても、食べられることはあまりなかったかもしれません。昭和20年代の本には、「ハトは味が淡泊で、特にキジバトがよい。ドバトはだめで……」と書いてあります。

†水の飲み方

ドバトとキジバトは同じハトの仲間ですから、似たところもたくさんあります。ここからは、ハトに共通するその特異な動きについて見ていきたいと思います。

鳥というのは、一般に、あまり水を飲みません。というのも、飛ぶためには、できるだけ体を軽くしなくてはならないので、体に多くの水を保持しなくてもすむように進化しているからです。たとえば、我々が、水を大量に含んだ尿をするのに対して、鳥は、いわゆるおしっこはしません。糞と一緒にあまり水の必要のない形で排出します。

必要とする水が少ないので、鳥たちは、花の蜜や、果実（液果）から、必要な量の水を摂取できます。肉食の鳥でさえ、必要な水を肉から摂取できると言われています。対して、ハトは水をよく飲む鳥です。ハトが食べるものは、堅く乾燥した種子が多いので、その分、水分が必要なのでしょう。

ハトの仲間は、水を飲むときに、そのまま飲むことができます。と言っても何のことやらわかりませんね。多くの鳥は、くちばしを水につけても、そのままでは飲めません。水を下くちばしの上に載せて、それを舌で吸い上げるか、あるいは、水を下くちばしの上に載せて、頭を上げて、喉に流し込みます。つまり、「そろっと掬《すく》って、ごくりと飲む」ことを何度か繰り返します。いわば、小さじを用いたスプーン方式といえます。

†飲むシルエットだけでハトとわかる

イソップ童話で、カラスが水差しの中の水を飲もうとするけれど、水面に、くちばしが届かないので、石を入れて水面を高くして飲む話があります。この話、よっぽど水面の高さが上がらないとうまくいかないはずです。なぜなら、多くの鳥と同じように、カラスも下を向いたままでは水を飲めないからです。ちなみに、そもそもカラスにそんな知能があるかというと、実際、試した研究者がいて、カラスは（正確にはミヤマガラスというカラスですが）、そういった訓練を受けてないのにもかかわらず、水面に浮かんだ虫を食べるために、石を入れて水面を上げることをやってのけます。

話がちょっとずれましたが、カラスをはじめとして多くの鳥は、下を向いたままでは水が飲めません。ところがハトは、くちばしを水につけて下を向いたまま、うぐうぐと飲むことができます。口腔《こうくう》内を陰圧にして吸い込める、つまり、ストローのような飲み方ができるというわけです。なので、水を飲んでいるシルエットだけで、ハトかどうかわかるのです。もちろん、それくらいの距離なら姿形だけでハトだと分かりますけれど……。

なぜ、ハトの仲間がそんなことをできるのかは分かりません。先ほど書いたように、ハトは水をよく飲むので、頻繁に水を飲めるように、そういう能力がどこかの段階で進化したと考えたいところですが、そのためだけに進化するとは考えにくいので（下を向いたまま水を飲めるほうが、そうでないよりもたくさん遺伝子を残せるとは考えにくいので）、なにか別の要因で口腔内を陰圧にできるようになって、その結果、副次的に下を向いたまま水も飲めるようにもなった、と考えたほうがよさそうです。

✝空中に頭を固定する

ドバトも含めて、ハトといえば、あの特徴的な歩き方です。機械仕掛けのおもちゃのように、首を振り振り歩きます。その際、適当に頭を動かしているわけではありません。よく見ると、一歩踏み出す前に頭を出し、頭の位置を固定したまま一歩進んでから、また次の一歩を歩む前に頭を出します。

あれは何をやっているかというと、「頭を空中に固定して、体のほうをついてこさせている」のです。もう少しちゃんと説明します。

試しに顔を横に向けて数歩でよいので歩いてみてください。当然ながら、見ている景色は後ろに流れていきます。早く歩けば歩くほど、景色の流れていく速度は上がり、見えづらくなります。ちゃんと物を見ようとしたら、眼を動かして、それを追わなければなりません。特に近いものを見るときはそうで、部屋の中で、横を向いて歩いて壁にかかっているポスターを見ようと思ったら、眼球が動くはずです。

新幹線や電車などでは、景色が飛んでいってしまうくらい早くて、よく見えません。そのとき、後方に流れていく景色に対して、追いかけるように首を振ると、見えやすくなります。たとえば、畑の中にポツンとある看板が見たいときに、その看板を追うように後方にむかって首を振れば、その看板の内容を読みとることができます。つまり、見ているものを追うように首を振れば、視野の中心にそれがあるため、見ることができるようになるわけです。

ハトは、これを頭を空中に固定することで成し遂げています。まず一歩進む前に首を少し出します。そして、見たいものを目の中心にいれます。そのまま歩くと当たり前ですが、その見たいものは視界の後ろにいってしまいます。そこで、目の位置を空中に固定したまま、足を踏み出すのです。すると、視界の中心は変わらないので、よく見えます。これを繰り返すとどうなるかというと、首を突き出して、その位置を保ったまま、体を追いつかせる動きになるのです。結果、歩く前に頭を突出し、頭を空中に固定したまま体を追いつ

①
②
首を突き出す
③
頭を固定したまま、
一歩を踏み出し、
体が首に追いつく
④
再び首を突き出す

図8　空中に頭を固定するための歩き方

かせるので、ひょこひょこ頭を振っているかのような動きになるのです。

実はもっと奥深いこともたくさんあるのですが、それについては藤田祐樹さんの『ハトはなぜ首を振って歩くのか』（岩波科学ライブラリー）を読んでいただくとよいかと思います。

†ハトの違いにハッとする

このように、2種のハトには、似たところがたくさんあります。ピジョンミルクで子育てをしますし、首を振る動きも同じです。しかし、違いもたくさんあります。群れるのは多くの場合ドバトですし、木に巣を架けるのはキジバトだけです。片や、人間が長い歴史の中でつくり出したハトが野生に帰ったものであり、片や、生粋の野生のハトです。人への寄り添い方も随分と異なります。

先に話してきたように、ここ数十年で、日本の都市におけるハトの勢力図は随分と変わりました。昔は、町の中には、たくさんのドバトがいて、神社で餌をもらっていました。そして、キジバトは、里や山にしかいなかったのです。

ところが今は、どうやらドバトは減少傾向にありそうで、一方、キジバトはどんどん都市に進出しています。キジバトのほうは、さらに人慣れが進むかもしれません。実際、最近はキジバトまでもがベランダに巣をつくるようになったという話も聞きます。ドバトのほうは、このままだと良くて現状維持です。なにか、もっとうまい生き方を彼らが見つければ、また増えるかもしれませんけれど。

こういったハトの勢力図の変化は、我々の生活の変化に伴ってきた部分が大きいと思います。よくある言葉ですが、鳥の世界から我々の世界の変化が見えてくる良い例だと思います。

町の中で、ハトを見つけたら、どちらのハトなのか気にしてみてください。その違いを見比べてみてください。そして、これから数十年先、ハトの世界の勢力図がどのようになっていくかを注視していくのも面白いかと思います。

コラム

●ハトはどうやって方角を知るの?

伝書鳩やレース鳩が、自分の家に帰るために、太陽の方向、地磁気、地形、臭いなどの情報を使うと述べましたが、もう少し詳しく説明します。

まず太陽の位置ですが、太陽の位置は時々刻々と変わりますので、伝書鳩やレース鳩は、時刻と、その時刻に太陽があるべき方角がわかっています。たとえば、朝方に太陽があるほうが東だとわかっています。さらに、この太陽の位置と体内時計を用いることで、自分が元いた場所、つまり帰るべき鳩小屋から、どちらの方角に移動したかが把握できるようです。どういうことかというと、我々も遠くに旅行をすると、「あれ、いつもより朝が来るのが早い」とか「暗くなるのが早い」と思うことがあります。ハトは、より正確に東西どちらにどの程度移動したかがわかるのです。

伝書鳩やレース鳩は、方位を知るのに地磁気を使いますが、その際、緯度についてもわかっているようです。地磁気は、緯度によって、地面に対する角度が変わります。たとえば、極の近くでは、地面により引っ張られ、赤道付近では水平に近くなります。そのため、日本ではコンパスの針は、N極の針がコンパスの底のほうへと傾斜します。ただし、市販されているコンパスは南側に重りをつけて、そうならないよう調整されています。伝書鳩あるいはレース鳩は、この傾きを感知して、緯度についても地球のどこにいるかを把握しているようです。地磁気を感知する生理的なメカニズムについては、現在、研究が進んでいますので、そう遠くないうちに解明されるかもしれません。

なおハトの仲間の多くは夜目《よめ》が効かないので多分使っていないと思いますが、夜に渡りをする鳥の中には、星の配置を使って飛ぶべき方向を判断しているものもいます。鳥は鳥目なのに、夜に渡りなんてできるのかと思うかもしれませんが、暗闇で人より見えてないのは一部の鳥で、多くの鳥は人よりは夜目が効きます。

●八幡宮とハトとの関係

ドバトは堂鳩と呼ばれるように、宗教施設とかかわりが深い鳥でもあります。特に八幡宮《はちまんぐう》と関係が深い鳥です。八幡宮というのは、神社の系列の一つです。神社には系列があり、系列が異なる神社は異なる神様を祀《まつ》っています。有名なところでは、菅原道真《すがわらのみちざね》を祀っている天満宮、お稲荷さんを祀っている稲荷神社などです。

写真21　二羽のハトがいる鶴岡八幡宮の掲額

それらの系列の中で、八幡宮は全国に数万社あるといわれており、もっとも大きな系列の一つです。総本宮は、大分にある宇佐神宮《うさじんぐう》でして、東大寺の大《だい》仏建立《ぶつこんりゅう》のときに守護神になったり、源頼朝に庇護されたりして全国に広まりました。

少し前まで、全国の八幡宮の境内では、ハトをたくさん見ることができたそうです。そのため、年配の方にとっては、「ハトといえば八幡様」と連想することもしばしばだったようです。なぜ八幡宮でたくさんのハトが見られたかというと、八幡宮ではハトが神の使いとして大事にされており、全国の八幡宮で、ドバトが飼われたり、積極的に餌が与えられたりしていたからです。

しかし本文でも述べたように、ハトによる害などから、餌やりや飼育は控えられるようになりました。結果、八幡宮でハトの姿を見ることも減ったというわけです。

ハトと八幡宮の関係から生み出されたお菓子もあります。そのお菓子とは、どなたも一度は目にされたことがあるのではないかと思いますが、鳩サブレーです。鳩サブレーの製造元の豊島屋のウェブサイトにはこのようにあります。「もともと、鶴岡八幡宮を崇敬していた初代は、八幡さまの本殿の掲額の〈八〉の字が鳩の抱き合わせであり、境内に一杯いる鳩が子供達に親しまれているところから、かねて「鳩」をモチーフに何かを創ろうと考えていました。そこにサブレー・三郎のヒラメキが来ました。あたかも八幡太郎義家、源九郎義経のごとく、鳩三郎〈鳩サブレー〉となったのです。」

第4章

カラス——町の嫌われ者？

1　実は2種類いるカラス

†ダークなカラス

スズメ、ハトに並んで、よく目にする鳥といえば、カラスです。しかし、「スズメ＝かわいらしい」「ハト＝平和の象徴」なのに対して、多くの方はカラスに対してはあまり良い印象を持っていないのではないでしょうか。世界的に見てもそうです。西欧では、カラスはしばしば魔女の使い魔として登場します。黒いということは闇ということで、それを恐れるためかもしれません。ハトの中でも特に白いハトが神聖視されたのと対照的です。

加えて、カラス＝不吉という連想は、カラスが、動物の死肉、時代によっては人間の死肉をあさることが目撃されてきたからではないかと思います。日本でも、ダークヒーローのゲゲゲの鬼太郎が、カラスヘリコプターにのって事件現場（？）にやってきます。

一方で、カラスを神聖視する文化もあります。日本でも、八咫烏《やたがらす》をはじめ、カラスを神の使いとして扱う神社があります。八咫烏は、神話上の最初の天皇であられる神武天皇の道案内役をしたと言われています。九州にいた神武天皇が、近畿地方に東征される際に、そのまま瀬戸内海から行くと、太陽に向かって行くことになるので（太陽に刃向かうことになるので）良くないということで、紀伊半島を回って東側から近畿に攻め入ります。そのとき、熊野・吉野の山中を大きなカラス（八咫とは大きいという意味です）が、道案内をしたと言われています。北欧では、ワタリガラスという、日本にいるカラスよりも大きなカラスが、やはり神聖視されています。世界をカラスがつくったという神話を持つ地域もあります。

写真22　熊野本宮大社の八咫烏の碑

悪いイメージにせよ、良いイメージにせよ、それはカラスという鳥が、人間の近くにいて、かつ凡庸ではない鳥であるということを人々が感じ取り、文化の中に取り入れていった証拠でしょう。

†カラスは八行の鳥

ハトの章で、「ハトというハトはいない」という話をしました。同じように、「カラスというカラス」もいません。初めて鳥の図鑑を手にとって、索引でカラスを探そうと思っても、カラスのいるあたりのカ行には、「カラアカハラ、カラシラサギ、カラスバト……」とあって、ハトは載っているのにカラスはいなくて困ってしまいます。では、カラスはどこにいるかといえば、ハ行にいます。

写真23　ハシボソガラス（上）とハシブトガラス（下）

ハシボソガラスと、ハシブトガラス、この2種が、我々が普段、目にするカラスです。バードウォッチャーはこれを略して「ハシボソ」「ハシブト」、あるいは「ボソガラス」「ブトガラス」、さらにはもっと省略して「ボソ」「ブト」と呼びます。ここから先、本書でも適宜、省略形を用います。

何が太くて、何が細いかは、漢字で書いたほうがわかりやすく、「嘴細烏」と「嘴太鳥」です。つまり、嘴《くちばし》の細いカラスと太いカラスということです。そんなくちばしの細いカラスなんて見たことないと思われるかもしれませんが、そのとおりで、いくら細いといっても、カラスですから、普通の鳥に比べれば巨大なくちばしを持っています。あくまで相対的に、ハシボソガラスのほうが、ハシブトガラスより細いということです。それにくちばしの太さの違いはそれほど明瞭ではありません。見る回数を重ねると、次第に見分けられるようになってきます。

この2種は、くちばしの大きさだけでなく、住んでいるところ、行動、気性、さまざまな違いがあります。たぶん、これまでカラスを見ても、「カラス」としか認識してこなかった方が多いのではないかと思います。ところが、町でカラスを見て、「2種のうちどちらのカラスか」「何羽でいるのか」がわかるだけでも、そのカラスが、いまそこで何をしようとしているのかがおぼろげながら見えてきます。慣れてくれれば季節まで感じられるようになります。ひいては、カラスを通して我々の環境がどんなものかも見えてきます。

✝イメージで覚えて見分ける

これから、2種のカラスにどんな違いがあるかを詳しく書いていくのですが、初めにボソとブトの違いを頭に入れておかないと、どっちがどっちの性質を持っていたのか、こんがらがってしまいます。ですので、あくまで覚え方として、先にイメージを持ってもらおうと思います。覚えるためなので、こじつけの部分もありますから、ご注意を。

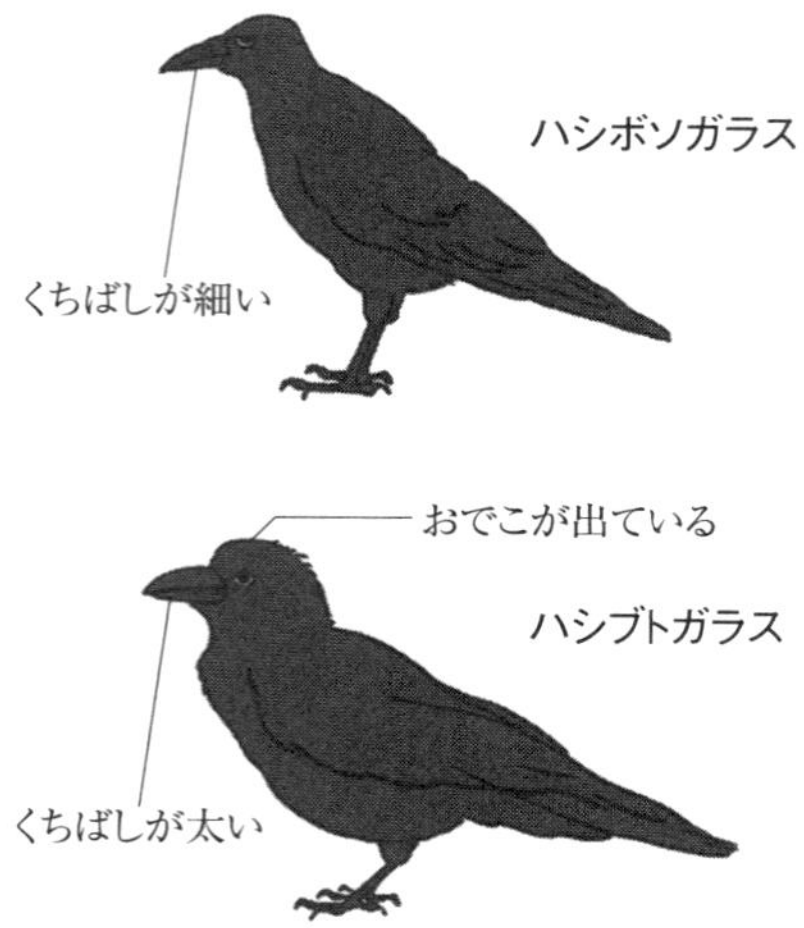

図９　２種のカラスの違い

ハシボソガラスには、細くて繊細なイメージを持ってください。ハシボソガラスは、くちばしが細い、繊細なカラスです。その繊細さゆえに神経質で、森のように見通しが悪く、どこから敵がくるのかわからないところは嫌いです。開けた土地を好みます。また、その繊細さゆえ器用であり、さまざまな技術を持っていて、地上を巧みに歩きながら餌を探すのが得意です。そして声も神経質がたたってか、ガラガラ濁音を出すカラスです。

対してハシブトガラスには、太くて、図太いイメージを持ってください。ハシブトガラスは、くちばしが太く、神経が図太いカラスです。その神経の図太さで、森のような遮蔽物があるところでも平気です。その図太さで、力技でものごとを解決します。図太さゆえ、地上で餌をちまちま探すのではなく、高いところから見下ろして餌を探します。地上に降りないといけないときも、歩くなんてせせこましいことはせず、ジャンプでどんどん跳ねてきます。声もカァカァ明朗ガラスです。

繰り返しになりますが、これはあくまでイメージです。ですが、まずはこれを頭に入れておいてもらえると、ここからの話が頭に入りやすくなるかと思います。

2　2種のカラスの違い、いろいろ

†どれくらいの大きさ?

町の中でカラスを見かけると、かなり大きな鳥という印象があると思います。それもそのはず、ドバトと比べればかなりの大きさです。町の中で普通に見かける鳥の中ではカラスは最大級といってよいでしょう。しかし、これまではカラスだと思って一緒くたに見ていたものも、ボソとブトでは大きさが違います。

くちばしの細いボソのほうが、体つきも全体的に細身で、大きさも一回り小さいのです。「一回り」といってもわかりづらいので、重さで示してみます。それでもなかなか伝わらないかもしれませんけれど……。ボソは400〜600グラムくらい、ブトは、600〜800グラムくらいです。ちなみに、スズメは25グラムほど、ドバトは300〜350グラムほどです。

ボソとブトでは、1・5倍くらいの体重差があります。とはいえ、見た目に1・5倍もの差はありません。仮に、同じ材質でつくられた2つの立方体があり、重さに1・5倍の違いがあるとすると（つまり、体積に1・5倍の違いがあった場合）、一辺の長さの違いは1・14倍です（1・14×1・14×1・14≒1・5です）。見た目が1割の違いですから、すこし慣れれば見分けられるようになるわけです。ただし、これは平均の違いで、一番大きなボソと、一番小さなブトでは、ほぼ同じ大きさです。

先に書いたようにカラスの体重には幅があります。この違いをもたらすのは、ひとつはオスとメスの差です。他の多くの鳥と同じように、ボソでもブトでも、平均値では若干メスが小さいのです。ただし、よほど条件が良くないとわかりません。カラスの研究者の中には、当てずっぽう（つまり5割）より高い確率でオスとメスを見分けられる人もいるようですが、それは達人の域です。

体の大きさは個体ごとにも違います。「カラスにも、人並みに個人差があるんだ」なんて、ついつい我々は思ってしまいがちですが、我々だって動物で、カラスだって動物です。我々に個人差があるならば、カラスに個体差があっても不思議でもなんでもありません。こういった個体差は、体つきだけではありません。同じボソ、ブトの中でも、警戒心が強い個体、器用な個体と、個体ごとに違いがあります。特にカラスは、行動が人間っぽいので、その差を見るのも楽しいものです。

✝声の違い——カラスは本当に「アホー」と鳴くのか

この2種は声も異なります。ボソは、「ガァー」あるいは「ガラララ」と濁った声を出します。一方のブトは、「カァーカァー」あるいは「アーッ、アーッ」と澄んだ声で鳴きます。テレビの夕焼けシーンで使われるようなカラスの声は、澄んだブトの声です。

カラスといえば「アホー、アホー」という声も有名です。そのものズバリ、この声で鳴いているカラスを見つけることは難しいのですが、ブトがそれっぽい声を出すことがあります。

声の違いは分かりやすい識別点ではありますが、いつでも、声だけを頼りにボソとブトを判定できるかというと、そうでもありません。本来は澄んだ声を出すはずのブトが、濁った声を出すことは、しばしばあります。澄んだ声を出せるブトにとって、濁った声を出すのは、わりと楽なのかもしれません。しかし、逆は難しいようで、ボソが、「カァ」と鳴いたのを私は聞いたことがありません。ですから「カァと聞こえたらブト」と断言してもいいでしょう。ただし「ガァーと聞こえたら、ボソ」と当たりをつけつつも、ブトの可能性も考慮しておけばよいかと思います。

鳴いている姿勢も違います。見たことないでしょうか。電線か何かに止まったカラスが、お辞儀をするかのように鳴いている姿です。あのとき出している声は、「ガーガー」という声でして、これはボソの鳴き方です。対してブトは、頭は突き出しますが、頭は静止したまま腹から声を出すような姿勢で鳴きます。

†住み場所の違い――ブトのほうがシティーボーイ

ボソもブトも北海道から九州まで分布しているのですが（沖縄は、ブトは亜種が異なり、ボソはほとんどいません）、その住み場所には微妙な違いがあります。ボソは、開けたところを好みます。たとえば、農地、河川敷、大きな公園です。山奥にいることはありません。対して、ブトは、縦方向にごちゃごちゃしたところを好みます。自然な環境でいえば森林で、かなりの山奥にもいます。むしろこれが本来の生息地です。縦方向がごちゃごちゃしたところを好むためか、ビルが林立している都市の中にもいます。深い山奥にも、都市のどまんなかにもいる不思議な鳥、それがハシブトガラスです。

この2種の生息環境に関する記述として、しばしば「ハシボソガラスは農村に、ハシブトガラスは町の中にいる」とあります。先に書いたようにこの表現はそれぞれのカラスが好む環境をおおむね表しているのですが、文字通りに、そうきっちり分かれているわけではありません。

首都圏では、確かにこの記述のような傾向があります。開けた場所が好きなボソは、7、8階建てのビルがあるようなところには、ほとんどいないからです。しかし、地方都市であれば、そんなに高いビルがあるのは、駅の周りくらいのもので、駅から少し離れれば3階建ての建物がぽつぽつあるくらいですから、ボソの姿も見られます。さらに近くに、ボソが大好きな開けた空間である学校や公園があれば、ボソのほうが多いくらいです。

また、細かく環境を分け、記録を十分にとって解析にかければ、確かにブトは町の中と山の中に、ボソは農地にいる傾向がありますが、我々がこの2種を見かける頻度でいえば、どちらのカラスもどちらの環境にもいますから、「2種とも、普通に町の中にいるし、農地にもいる」と思っているほうが実態に合っています。

†動きの違い——ボソは歩き、ブトは跳ねる

ボソとブトでは、「動き」にも大きな違いがあります。餌を採るときに、その違いがよくわかります。

まずハシボソガラスですが、こちらは、主に地上で餌を採ります。ですから長い時間、地上を「歩いて」いるカラスを見つけたら、ハシボソガラスだと思って、まず間違いありません。ハシボソガラスは、地上をすたすた、あるいは、お尻を振り振り軽快に歩いて餌を探し、しばしば立ち止まっては、土を掘り起こしたり、葉っぱをどけたりしながら、じっくり餌を探します。ちゃんと計測したことはありませんが、おおむね30秒以上、こういう行動をしていたら、ハシボソガラスである可能性はかなりのものです。

一方のハシブトガラスは、あまり地面にいません。地上で餌を採るときでも、木の上とか高いところから餌を探して、必要であれば降りてきて、必要な作業をして、さっさと高いところに戻っていくという感じです。子供の頃、「高鬼《たかおに》」という鬼ごっこの一種をしたことがある方もいらっしゃるかもしれません。高いところにいる間は、鬼にタッチされても大丈夫という遊びです。あれに似ている気がします。つまり、ハシブトガラスは、なるべく高いところにいようとするのです。

ひょっとしたらブトは、歩くのが苦手なのかもしれません。たとえば1メートル先に行くときに、ボソなら、すたすた歩くのですが、ブトは、跳ねて移動します。ブトは歩く場合でも、のそのそした感じです。それを愚鈍と見るか、貫禄があると見るかは、私も、その日の気分によって変わります。

この歩き方の違いは、足運びの差かもしれません。ボソは、すこし足を内側に向けて歩くような印象です。その結果、マリリン・モンローっぽくお尻がふりふり動きま

図10　歩き方にも違いがある

す。一方のブトは、両足を、それぞれ進行方向にまっすぐ出しているような感じです。それで、すこし貫録のあるような印象を受けるのでしょう。

†食べ物の違い――ブトのほうがちょっと肉食系

食べる物は、ボソもブトも雑食です。つまり植物質も、動物質（つまり肉）も食べます。何を食べているかは1950年ごろに詳しい研究がなされています。全国各地で有害駆除されたカラスを解剖して、胃の内容物を調べるというやり方です。その後、これほど大規模な調査はされていません。カラスを捕まえるのも大変ですし、何を食べているかを調べるのは、職人的な技も必要で（破片から推測しなくてはなりません）、気の遠くなるような作業だからでしょう。

過去の調査から、どちらのカラスも、穀類、昆虫類、爬虫類、両生類などを食べていることがわかりました。ちょっと意外かもしれませんが、どちらのカラスも、半分以上は植物質でした。ボソとブトを比べると、ブトのほうが、動物質の割合が多く、ちょっとだけ肉食系のようです。

ただし、胃の内容物からの調査というのは、食べたものの量を必ずしも反映しているわけではありません。なぜなら、昆虫を1匹食べて、それが胃の中でばらばらに入っていたときに、どう数えるかとかいった計測方法の問題もありますし、消化速度も食べ物によって異なるからです。総じて「思ったよりも肉食系ではない」くらいに考えておくのがよいかと思います。しかも、これはすでに半世紀も前の結果です。現在の日本の都市で何を食べているかは、もっと異なるでしょう。当然、人が出すごみに依存していると思われます。

写真24　歩きながら餌を探すのがボソの特徴

現代のカラスたちの動きを見ていると、植物については、ボソもブトも果実をよく食べている印象です。ドングリをはじめとして、公園の樹木や街路樹に成った実を食べる姿をよく見かけます。ボソについては後で話しますが、クルミの実を器用な方法で割って食べます。そして、農家にとっては迷惑な話ですが、どちらのカラスも、マメ、ムギ、トマト、スイカ、カキ、トウモロコシなどを失敬します。

動物質のほうでは、昆虫についてはバッタ、セミ、ガなどを食べている姿を見たことがあります。

ボソについては、小さめではありますが、生きているヘビを襲っている映像を見たことがあります。ボソにとって、ヘビはそれなりに危険だろうので、かなり慎重に行動していました。ちょっとつついては下がる、ちょっとつついては下がる、というヒット&アウェイをしていました。しかも、そのやり方が巧妙です。ヘビは物陰に隠れようとします。すると、ヘビの尻尾をくちばしでつかんで、開けた場所につれ戻すのです。時間をかけてゆっくり弱らせていきました。

3　攻撃的なブト、器用なボソ

†ブトはスズメも食べる

以前、6月ごろに町の中を歩いていたら、白いものが、空からはらはらと落ちてきたことがありました。季節外れの雪かと思いきや、それは小さな鳥の羽、いわゆるダウンでした。落ちてくる先を見ると、電柱の上で、ハシブトガラスが、子スズメを解体しているところでした。

このようにブトは、スズメをはじめとした自分より小さな小鳥を襲って食べます。対してボソが小鳥を食べているのを私は見たことがないので、少なくとも、頻度はブトのほうが高いのでしょう。

と言っても、ブトが、そこらにいる小鳥をタカの仲間のように襲って食べるわけではありません。ブトが、元気な大人のスズメを追い回しても、おそらく捕まえることはできないでしょう。できるかもしれませんが、労力がかかり過ぎで、餌としては効率が悪いと思われます。ブトが狙うのは、もっとお手軽な、巣の中にある卵、ヒナ、あるいは巣立ったばかりの幼鳥です。まだ何が危険かわかっておらず、かつ逃げ足も遅い、巣立ったばかりの小鳥は、ブトにとっては狙いやすい獲物なのでしょう。

ひょっとしたらブトは、スズメのヒナが巣立つのを待ち構えているのでは、というシーンに出くわすことがあります。ブトが、子育て中のスズメの巣の様子を見に来ることがあるのです。スズメの巣そのものは、木に巣を架けるような他の小鳥と違い、奥まったところにあるので、ブトがくちばしを入れて襲うことはできません。そのかわり、ブトはスズメの巣から離れたところに止まって、じっと様子をうかがって、そっと帰っていくのです。勝手な推測ですが、巣の中にヒナがいるかどうかを探って、「いないのであれば巣立ったはずだから近くにいるはずだ」ということで、狙おうとしているのではないかと思います。ひょっとしたら、そろそろ巣立ちが近いので「明日また来よう」くらいは考えているかもしれません。

とはいえ、ブトが、こういった小鳥を専門に食べているわけではありません。多くの餌メニューの中で、手に入りやすいのであれば襲うという程度だと思います。小鳥を専食するためには、やはりタカの仲間のように、それができるように洗練された形態を進化させてなければならないのです。

†子育ての違い――人を襲うのはブト

ボソもブトも、春になると子育てを始めます。公園の樹木あるいは街路樹のうち10～20メートルくらいの高さにある樹木の、中ほどより高いところに巣をつくります。巣は、木の枝を編んでつくられています。町の中のカラスは枝の代わりにハンガーなどの人工物も用います。それだけでは硬いので、内側には、ふんわり素材が使われています。藁のような植物質、どこから拾ってくるのか、ビニールテープや綿も使います。

写真25　葉が開く前につくられるボソの巣（見えているのは尾羽）

両種とも、卵を温め始めてから20日ほどで孵り、その後、35日くらいかけて、巣立たせます。スズメの場合は、卵がある程度揃ってから温めていましたが、カラスは、最初の卵を産んだらすぐに温め始めます。当然、先に産んだ卵が早く孵化するのですが、カラスの場合は、ヒナ同士で差がつくことを良しとしているようです。スズメのような小さい鳥では、巣立ったヒナは、捕食者に襲われて、しばしば死にます。その分、数でカバーしなければならないのですが、カラスは、体が大きいので、そういった偶発的な死亡は少なく、より強い子を育てたほうが良いのかもしれません。

ボソとブトの子育てで、大きく違うところは、子育てを始める時期です。ボソのほうが、ひと月ほど早く卵を温め始めます。時期は、サクラが咲くひと月ほど前です。このころ、特に東日本では常緑広葉樹が少ないので、営巣する木には葉っぱがなく、巣が丸見えのことがしばしばです。函館にある大学の私の研究室の窓からも、春先だと、ボソの巣が丸見えです。

対してブトは、ちょうどサクラの咲くころに卵を産み始めます。ブトは巣が見えるのが嫌いらしく、常緑樹か、あるいは葉が開いた後の落葉樹に巣をつくるようです。それゆえ、子育て中の巣は、外からあまり見えません。もちろん、葉が落ちれば、見えるようになりますが。

この2種の巣の隠蔽性の違いは、子育て中の気性の荒さにも大きな違いをもたらしているようです。たまに、カラスに襲われたという話がありますが、襲ったカラスは、まず間違いなくブトです。ブトは、巣のそばを通った人や、巣のそばに長時間いる人に対して、卵やヒナを守るために果敢に攻撃するのです。対してボソは、巣のそばに人が来ても、黙っています。ブトのほうが気性が荒くて短気なためなのか、あるいはボソが賢くて、無駄な行動はしないためなのかはわかりませんけれど。

†攻撃は最後通牒の後で

ハシブトガラスによる人への攻撃ですが、攻撃された方は、いきなりカラスが襲ってきたと思うかもしれません。しかしカラスからすれば、最終手段に訴えているだけです。

①巣に目を向けた人の動向を見張る
②木の枝をつつく、引きちぎる
③頭上を飛び回る

図11　カラスの威嚇動作

多くの場合、事前の通告があります。まず、巣に近づいた相手に対してブトは、澄んだ声で「カァカァ」と鳴きます。これで、こちらがいなくなればそれで何事もなく終わります。しかし、気づかずに、その場にとどまっていると、今度は「カァカァカァカァカァッ」と連続的に鳴いたり、怒気がまざったような「ガララ」と強い語調になります。さらには、それでも、相手（つまり我々）が、巣から離れない場合は、近くの枝に止まって足元の枝をコツコツ叩いたり、場合によっては近くにある枝を引きちぎったりして、イライラしている様子を見せます。コツコツ叩くのは、「つっつくぞ、つっつくぞ」という意思表示かもしれません。枝を引きちぎるのも、同じように「引きちぎるぞ」と警告しているのだと思います。

ブトなりに、警告をしているわけです。しかし、鳥に興味がない人は、この一連の行動にまったく気づきません。そして、とうとうブトとしては、最後通牒《さいごつうちょう》したのに退かない相手に対して、実力行使に出るわけです。背後から人の頭を足で「こづく」ことをします。飛びながらくちばしで襲うことはまずないと思いますが、肩に乗るとくちばしでも攻撃してきます。ブトにとっても人を襲うのは、相当の勇気がいるでしょうから、こちらが事前に気づいてあげれば、どちらにとっても幸せです。

しかし、中には、最後通牒なく襲ってくるブトもいます。というのも当のブトからすれば、人が何人も通っていて、「さっきから何度も最後通牒は出したのに！」ということなのでしょう。

そういうブトに対しては、まずは自衛です。たとえば、歩道の逆側を歩くだけで、彼らの防衛圏内からはずれて攻撃しなくなる場合があります。それがわかるようになるのも、なかなか楽しいものです。後頭部から襲ってくるので、閉じた傘の先端を、肩ごしに後方に向けておくだけでも効果があります。

†人間もカラスの道具かもしれない

カラスといえば、やはり賢く器用な感じがします。何をもって賢さとするか、何をもって器用と考えるかは、難しい問題ですが、見ている感じだと、ボソのほうが器用で賢そうです。対して、ブトは力が強いためか、どちらかというと力任せに行動することが多い気がします。

ボソのほうが、賢く器用であることを象徴するのが、クルミ割りです。

特に東日本に多いのですが、オニグルミと呼ばれるクルミがあります。ボソはこれを食べます。スーパーなどに売っているクルミはセイヨウグルミ（ペルシャグルミ）と呼ばれる、オニグルミとは別のクルミです。

オニグルミの殻は、かなりの硬さです。中に入っている種子をネズミやリスに食べられないように進化させてきたのでしょう。昔、ジャッキーチェンが『酔拳』という映画の中で、クルミを親指と人さし指の力だけで割る訓練をしていました。おそらく、あれはオニグルミではなく、ペルシャグルミかテウチグルミだと思います。というのも、ジャッキーチェンが靴の底で叩いて割ろうとして、お師匠様に、手で割るように指導される場面があるからです。オニグルミは、靴で叩いた程度では割れません。おそらく指で割れる人もこの世には、いないのではないかと思います。

この手強いオニグルミの実を、ボソは、高いところから落として割ります。クルミを咥えて飛びあがって、ある程度の高さから、ひょいと放して、クルミが落ちるのと一緒に下降します。一緒に下降するのは、クルミがどこに散るのかを見極めるためでしょう。あるいは、周囲にいる他のカラスに横取りされないように、いち早く落下地点に到着するためかもしれません。クルミの殻は堅いので、1回では割れませんが、何度か試していると割れるのです。

何かを高いところから落として割るというのは、カラス以外の鳥でも、貝を割ったり、骨を割ったり（中の髄を食べます）する場合に行われており、世界中で観察事例があります。貝のほうでは、理論的な研究がなされていて、1回で割れるように高く上昇して落とすよりも、適度な高さまで上昇して数回に分けたほうが、効率が良いということが示されています。

何かを落として割るくらいなら、いろいろな鳥で見られるのですが、一部のボソは、クルミを割る際に車を使います。道路にクルミを落として、たまたま車が通って割れるということではありません。もちろん、この行動を始めた最初の頃はそうだったのかもしれませんし、中には、まだその段階にいるものもいます。しかしボソの中には、明らかに車を利用しているものがいます。どうやるかというと、交差点の赤信号で、車が止まったところにクルミを咥えて降り立ちます。そして、これから動く車のタイヤの延長線上にクルミ

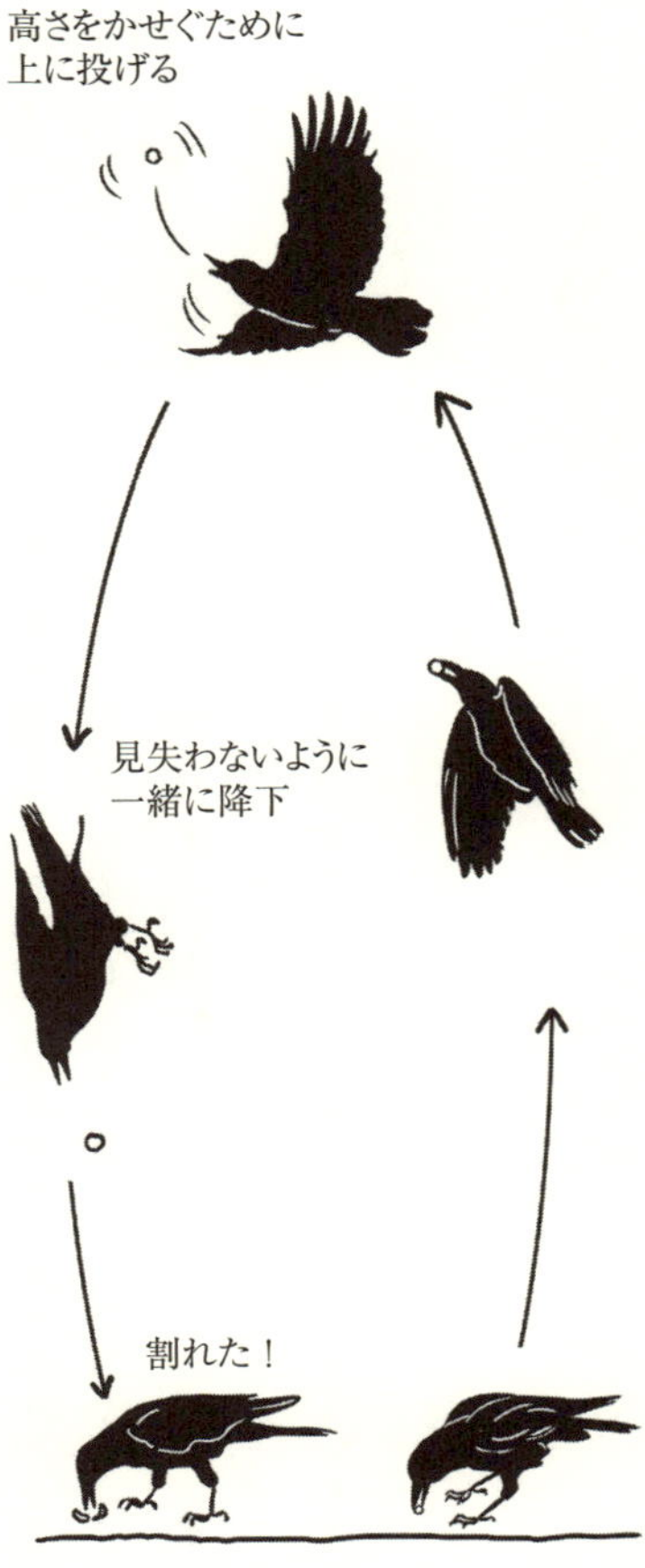

高さをかせぐために
上に投げる
見失わないように
一緒に降下
割れた！

図12　クルミを高いところから落として割る

を置きます。ちゃんと車の動きを予測しているので、信号が変わって車が動き出すとクルミは割れます。しかし、後続の車も通行中ですから、その間は、しばらく歩道で待っています。そして、赤信号になって車が停まったら、待っていましたとばかりに、走り寄って、砕けたクルミをくちばしで回収して、安全な場所で食べるのです。交差点と車の関係について、十分理解していなければ、できない芸当です。こういう芸当を見ていると、ボソのほうが賢いなと感じます。

4 カラスの一年

†群れでの生活

このように細かく見るとボソとブトでは様々な違いがあります。一方で、一年のうち、いつごろ群れをつくるかについては似ています。本当は、詳しく調査すれば、ボソとブトにも違いがあるのかもしれません。しかし、それを野外で調べるのは難しく、まだ十分に分かっているわけではありません。なので、ここでは両者を区別せずに、カラスの一年、カラスの一生について分かっていることをまとめていきます。ただし、ここに書くことは大筋であって、カラスのほうにも、さまざまな事情があって、この通りにはいかない場合があることを、ご承知置きください。

ボソもブトも、初春から夏の子育ての時期は、夫婦で縄張りを持ち、子供も含めて家族単位で生活をしています。この時期、ボソもブトも他のカラスが自分たちの巣の近くに来ることを許しません。自分たちの縄張りに入ってこようものなら、激しく追い払いにいきます。ボソとブトの間でも、このルールは適用されます。体が比して小さいボソも、この時期だけは、ブトが縄張りに入ってくると、果敢に攻撃に向かいます。

子育てがひと段落した夏ごろから、縄張りが解消され、次第に排他的ではなくなっていきます。そして、晩夏から秋、冬にかけては、群れでの生活に入ります。親子が同じ群れに入っていることもあるようですが、そうでないこともあります。多くの鳥と同様、カラスも巣立った個体は、出生した場所から遠くに移動することがあるからです。

この時期、群れの大きさが、一番大きくなるのは夜です。山の中、あるいは町の中の林、あるいは電線で、みんなで集合して眠りにつきます（口絵参照）。つまり、ねぐらです。

数百羽、場所によっては数千羽もの大きな群れになります。ですが、日中、この大集団で動いているわけではありません。朝になると、10羽とか20羽くらいの小群に分かれてねぐらから様々な方向へ飛んでいき、飛んでいった先で日中を過ごします。そして、夜になると再び集合するのです。日中にばらけるのは、おそらく、それだけ多くのカラスが一ヶ所で餌を採ることは不可能だからでしょう。

なぜ群れるのか

わざわざばらけるなら一緒に寝なければ良さそうなものです。カラスが群れる理由として、いくつかの説があるのですが、まだはっきりとはわかっていません。ひょっとしたら、ばらけるために、同じ場所で寝ているのかもしれません。

仮に、カラスが町の中のいろいろなところに数羽単位でねぐらをとり、朝になって、それぞれ餌場に出かけて行ったとしたら、それぞれの餌場で、餌をめぐっての争いが生じます。弱い個体は、ある場所で追い払われて、別の場所でまた追い払われてと、その日の餌にありつけないかもしれません。ですが、みんなで集まっていれば、「今日はどうもみんなは東に行くようだ、じゃあ西なら大丈夫だろう」というような予測がつけられます。そういった他の個体の動向を探るために、ねぐらで集まっているのかもしれません。カラスの賢さからいえば、それくらいのことはしていそうです。

毎日のねぐらの位置は基本的に決まっています。ですが何かの拍子に動くことがあります。たとえば、夜に寝ていて、そこに人がやってきて追い払われたら、次の日は使わないというようなことです。天候にも作用されます。私が以前住んでいた岩手では、カラスたちは、夕方になると駅のまわりに集合し、その後、暗くなると、山際の林まで飛んでいってねぐらをとっていました。ですが雪が降って極端に気温が低い日には、駅のまわりで集合した後、移動せずに周囲の電線に止まって眠りについていました。

いずれにせよ冬の間は、日中は、ばらけて、夕方に集まるという離合集散をくりかえします。ただし、すべての個体が群れになって寝ているわけではありません。1羽とか2羽で街路樹で眠りについていることもあります。群れの中で何か嫌な思いをしたことがあった個体なのかもしれません。どの世界にも孤独を愛する者はいるということでしょうか。

†若いカラスの一年

ここまで書いてきたのは大人（成鳥）のカラスについてです。若いカラスは、ちょっと違います。生まれた年の冬を生きのびて春を迎えた若いカラスは、すぐに繁殖できるわけではありません。生理的に成熟していないからです。また若い個体の頭の骨などは大人のものと比べると弱いので、若い間に縄張りをめぐって闘争したりするのは、危険なのかもしれません。早くて2年目の春を迎えた年（つまりもうすぐ2歳になるころ）、平均で3年目くらいから繁殖できるのではないかと言われています。

では、初めの1、2年、若いカラスたちはどうしているかというと、春になると、若者だけで群れをつくったり、単独で空いている縄張りを探すという生活に入ります。群れる場合でも、冬のように大きな群れにはなりません。春から夏にかけて、ゴミ置き場で5～6羽で餌をあさっているようなのは、この若い群れなのではないかと思います。なぜなら、繁殖しているカラスは、普通は、自分の餌場に入ってきた他のカラスを追い払うからです。

生理的に成熟したらすぐに繁殖というわけにもいきません。すでに、大人のカラスたちによって、町の中には縄張りがつくられていて、繁殖に適したところ、つまり営巣に適した木があって、餌が確保できるようなところは、埋まっているからです。老兵が去るか（死亡するか）、あるいは乗っ取るしか手はありません。カラスも含めて、野生生物は、人間以上の競争社会にいるといえます。

夫婦になって繁殖できるようになると、その結びつきは数年続くと言われています。相手が死なない限り、一生一緒なのかもしれません。そして、命尽きるまで子育てを繰り返します。寿命がどれくらいかはわかっていません。飼育条件下では数十年生きた記録がありますから、野生のものでも長生きすればそれくらいになるのではないかと思います。

†カラスを見極め、環境を知る

このように2種のカラスには、さまざまな違いがあり、しかも、季節によっても異なります。

今度、遠目でカラスを見たら、まずそれだけで、ボソかブトかを判断してみてください。声から判断できることもあります。濁っていたらボソ、澄んでいたらブトです。声が聞こえなくとも、鳴く姿勢で見分けられるかもしれません。お辞儀をしていたらボソ、頭を突き出して不動の場合はブトです。

それらの情報が得られなかったら、今度はそこがどんな環境であるかということから類推してみてください。農地であれば、ボソの可能性が高くなります。高いビルがあるところであれば、ブトかもしれません。

そのカラスは何をしていますか？　地上を歩いていたら、ボソに違いありません。高い所にいたら、……まだ情報不足です。

何羽でいるでしょうか？　春先に1羽あるいは2羽でいたら、どうもそのカラスは子育て中で、近くの木に巣があるかもと推測ができます。春先なのに数羽で群れていたら、それは若いカラスたちとみるべきでしょう。

と、こんな風にカラスを見極めることができれば、楽しいこと請け合いです。逆に、生息しているのがボソなのか、ブトなのかということから、そこがどんな環境かを類推することもできます。テレビの映像などで、カラスがごみをあさっているシーンだけを見て、周囲がビル街なのか、季節がいつなのかをおおよそ推測できるというマニアックな技も身につけられるかもしれません。

コラム

●カラスの度胸試し

冬にカラスが大規模なねぐらに入るときに、直接ねぐらに向かうのではなく、それ以前に一旦集まって、みんなでねぐら入りをすることがしばしばあります。人間でいえば、飲み屋に直接集合ではなくて、どこかで待ち合わせてから飲み屋に行くようなものでしょうか。

私が以前住んでいた、岩手県の中央部にあるJR矢幅《やはば》駅付近では、その集合時に面白い行動が見られました。ねぐらに入る前に、駅前に400羽ほどのカラスが集合します。矢幅駅は、新幹線の駅ではないのですが、新幹線が高架になっていて、新幹線車両が通過します。その速度は、最高速度ではありません。なぜなら、近くに盛岡駅があり、すべての新幹線車両は一旦そこで停まるので、速度を落としているからです。盛岡発の新幹線車両も矢幅駅を通過する頃には、まだ速度が出ていません。とはいえ、それでも普通の電車よりかは、十分に早い速度です。

この速度がカラスたちにとっては楽しいようなのです。新幹線の上に架かっている電線にその400羽くらいのカラスが止まります。そして、新幹線車両がくると、みんなでワーッと飛び上がるのです。そして、しばらくわいわいしながら騒ぎ立てて、また同じ場所に戻ってきます。そして、次の新幹線車両がくると、また同じようにみんなで飛び立ちます。

近くに、普通の電信柱の電線もありますし、高圧鉄塔もありますから、そちらに止まれば落ち着いていられるのに、わざわざ新幹線沿いにいることから考えて、あれは度胸試しのようなものなのかもしれません。

話がちょっと飛びますが、私が小学生のころ、友達に受験生の兄を持っている子がいました。何人かで、その子の家に行って、一生懸命勉強している、そのお兄さんにちょっかいを出すのです。そのお兄さんの部屋は2階の階段を上ったところにあるのですが、ちょっと部屋をノックして階段を駆けおりたり、その部屋の窓ガラスに、家の外から銀玉鉄砲で射撃をしたりするのです。今になって思えば大変な迷惑でしょうけれど、何回かやっていると、そのお兄さんが激怒して、ドアをあけて下りてくるのです。そのときに、みんなでワーッと逃げるのです。ちょっとした肝試しのようなものです。カラスがやっているのは、あれと同じようなものではないでしょうか。

●本当は黒くない？

カラスの漢字は、二つあります。烏と鴉です。個人的には後者が好きですが、前者もよく使われます。この「烏」という漢字、「鳥」から横棒が一本抜けた形になっています。「鳥」の成り立ちからすると、棒一本は鳥の目を表していて、カラスは目の部分が体色と同じなので、そこがないということのようです。

そこからも考えられるように、カラスは黒一色というイメージがあるかもしれませんが、実際はそうでもありません。口絵に掲載したハシブトガラスの写真を見てください。体の部位によって色が違うことがわかります。背中には緑あるいは紫のような色がついています。

ハトのところでも出てきましたが、これは構造色と呼ばれるものです。

あるものに色がついているというのは、その色に見える光を跳ね返しているからです。太陽の光は、いろんな波長の光を含んでいます。その光が当たって、ある物質が青く見えるのは、その物質が黄や赤や緑を吸収して青い色に見える波長を跳ね返しているからです。多くの波長を吸収すると、跳ね返す光がないので黒く見えます。いろんな波長を適当な方向に跳ね返すと白く見え、すべての光を正しい角度で跳ね返すと、鏡になります（鏡面反射といいます）。

鳥の羽の色の中には、絵の具のように色素を持っていて、特定の色を跳ね返すものもあります。が、そうするためには、赤だったら赤い色素を食べ物で摂取して、それを羽に配置しなくてはなりません。それは大変なことです。赤や黄の色素は自然界にあるので、まだしもなんとかなりますが、青い色素というのは自然界にはほとんどなく、青い羽をつくり出すことは実質的に不可能です。

そこで、鳥は構造色によって多様な色を出します。羽の表面に微細な構造を持ち、反射する光を調整することで、色をつくり出すのです。青い鳥は、構造によって光の干渉を起こし、青く見えるように光を跳ね返します。

カラスの羽も構造色です。もし色素だけなら、カラスの色は、その構成物であるメラニンの茶あるいは黒にしか見えないはずです。しかし、構造色なので、見る角度によって跳ね返す色が変わり、つややかな黒に紫や緑が混じります。カラスの体に直射日光が当たっていたら、カラスが黒一色ではないということがよくわかると思いますので、ぜひ観察してみてください。

ちなみに構造色は、構造を壊すと色が変わります。色素の場合は、その物質そのものが跳ね返す光の色が決まっています。それゆえ、こねくり回しても、どうやっても、その色を保ちます。しかし、構造色は、微細な構造で色がつくり出されているので、その構造を壊すと色が変わります。青い羽を持ってきて、もったいないですが鉄鎚で叩くと次第に茶色に変わっていきます。色を反射する微細な構造を鉄鎚で破壊してしまったために、青い色を反射できなくなってしまったということです。

第5章
町で見かける他の鳥たち

ここまで町の中で見られる代表的な3種の鳥を紹介してきました。しかし、第1章でもお話ししたように、町の中には、一年を通して50種くらいの鳥が見られます。スズメほどの大きさの鳥が20種、スズメとハトの中間くらいのサイズの鳥が5種ほどいます。そして、サギの仲間、カモの仲間、カモメの仲間、トンビのようなもっと大きな鳥を含めれば、合計で50種くらいになります。それらの中で、特徴のある3種について紹介していきます。

1 ツバメ

春を告げる鳥

町の中の代表的な鳥といえば、ツバメもそうです。スズメやドバトと同じく、人がいる場所に巣をつくります。人を盾にして、捕食者が近づかないようにするためでしょう。人が絶滅したら絶滅するんじゃないかと思うくらい、現代のツバメは、人に依存しています。

ツバメは夏鳥です。サクラが咲くより少し早い時期に、東南アジアから日本にやってきます。渡ってきた直後は、川沿いでよく見られるように思えます。長旅をしてきて疲れているので、体力を回復するために、川から発生する飛翔性の昆虫を狙っているからかもしれません。川沿いで、姿を見かけたなと思うと、次第に、町の中でも見かけるようになってきます。

写真26　東南アジアからはるばる渡ってくるツバメ

ツバメは、スズメよりも人に大事にされてきた歴史があります。スズメは雑食性で、田圃に生える雑草や、稲を食べる害虫を食べてはくれますが、一方で、実ったお米を食べる農害鳥でもあります。それゆえ、農家の方からは、憎く思われている面もあります。対してツバメが食べるものは虫だけです。農家の人にとっては、農害虫を食べてくれる、ありがたい存在です。そのため、ツバメが巣をつくる家は繁栄するといわれ、大事にされてきました。

人とツバメの関係は、一種の相利共生といえます。生物種同士の関係は、競争だったり、食う食われるだったり、といろいろありますが、そのうち相利共生とは、相手が存在することで、互いが利益を得るという関係です。ツバメは、人が存在することで、巣をつくる場所を得て、かつ天敵から身を守れます。人のほうはツバメがいることで、農害虫を食べてもらえるので、生産性が上がります。

†特徴的な長い尾は何のため？

ツバメの特徴はあの長い尾です。いわゆる燕尾《えんび》です。裾が長く二つに分かれた礼服を燕尾服といいますが、西欧でも swallow-tail coat といいます。それを和訳して燕尾服となったわけですが、日本でも西欧でも、あの形はツバメの尾に見えるということでしょう。

ツバメの尾は、オスのほうがわずかながら長いので、慣れてくると、それによって、オスとメスを見分けることができるようになります。ヨーロッパの研究では、尾の長いオスのほうがメスにモテることが知られています。つまり、尾が長い↓メスにモテる↓尾の長いオスはより多くの子を残せる↓尾の長いオスが増える、というしくみで、ツバメの尾は長くなる方向へ進化してきたようです。

ところが日本では、尾の長さはメスにモテるかどうかと、あまり関係なさそうです。代わりに喉の赤い部分が大きいオスのほうがモテるのではないかと言われています。じゃあ、「なぜ日本のツバメも、オスのほうが尾が長いんだ」という疑問が出てくるわけですが、過去には、尾の長いオスがモテた時代があったのかもしれません。そして、今は、尾の長さは、あまり流行ではないということでしょうか。

写真27　巣にいるヒナに餌を与えるツバメ

†わかりやすい巣

ツバメの巣は、ご存じの通り住宅の壁などにつくられています。あんなに見つけやすい鳥の巣は他にないかもしれません。見つけられても人によって守られているから構わないということなのでしょう。

ツバメの巣は、建物の外壁にあります。構成物は、土と藁《わら》などの草に、ツバメの唾液を混ぜたものです。うまく壁にひっついているものだと感心しますが、壁なら何でもいいというわけでもありません。雨を避けられるような屋根が必要です。そのため、昔ながらの軒下や、現代であれば、コンクリートの壁に、コンクリートの庇《ひさし》が張り出したところを好んで巣をつくります。しかも、軒や庇のすぐ下、つまり巣の上に余計な空間がない所を好みます。これは、おそらくカラス対策でしょう。もし、巣の上に十分な空間があれば、カラスに巣の上に乗られて、卵やヒナを食べられてしまいます。

同じ理屈で巣のすぐ下に足場があるところも嫌います。そういうところに巣をつくると、今度はカラスが下から攻撃してきて、巣の底に穴をあけて、やはり卵やヒナが食べられてしまうからです。

ただし、人家の中、昔でいえば土間のようなところにつくる場合は、そういった制約から解放されて、梁の上につくることもあります。カラスがやってこないからです。

巣は泥でつくられているといいましたが、産座《さんざ》の部分には、草や羽毛などが敷き詰められて、ふかふかのベッドになっています。

†ツバメの巣は高級食材？

中華料理に、「ツバメの巣」というのがあります。ツバメの巣は、泥と藁でつくられているわけですが、そんなものが食材になるのでしょうか。実は、中華料理の「ツバメの巣」は、今、話に出てきていたツバメの巣とはまったくの別の鳥の巣です。

中華料理に使われるツバメの巣は、アナツバメという別の種の巣です。名前だけ聞くと、ツバメの仲間かと思いますが、分類学的（系統学的）にはかなり遠い位置にいます。

我々の身近にいるツバメは、スズメ目ツバメ科の鳥で、大きな括りでいえば、スズメの仲間です。一方、アナツバメは、アマツバメ目（アナとアマでややこしいですが）という、ヨタカやハチドリに近いグループです。ヨタカといっても、これまた鷹の仲間とは全然違うもので、ピンとこないかもしれません（宮沢賢治の童話に出てくるあの、よだかです）。アマツバメ目の鳥は、基本的に町の中にはいないのですが、最近、ヒメアマツバメという種が、太平洋側の都市では見られるようになってきました。

ツバメの仲間とアマツバメの仲間は、分類学的にはかなり離れているのですが、似たような生活をして、似たような姿をしています。ツバメが壁面に巣をつくるのと同じく、アマツバメの仲間も崖のようなところに巣をつくります。海辺の崖のこともありますし、高い山にある崖のこともあります。ツバメの仲間もアマツバメの仲間も長い羽を持って、ひゅんひゅん、速い速度で飛ぶことができます。どちらも似たような生態を持つことから、奇しくも同じ形態にたどり着いたようです。

そのアナツバメの巣には、ツバメの巣と異なり泥や藁は使われていません。混ぜ物なし、唾液100%でできています。唾液と聞けば、いまいちかもしれませんが、糖とアミノ酸の混合物です。

そんなものを、いつの時代に、誰が食べ物として利用し始めたかはわかりませんが、人はそれを食材として利用します。どんな味かをお伝えしたいところですが、高級食材すぎて食べたことがないので、残念ながらお伝えできません。

†可愛いツバメのあこぎな一面

さて、我々のよく知るツバメに話を戻すと、巣をつくったら、メスは卵を5〜6つ産みます。スズメでもそうだったように、最初の卵を産んでからすぐには温めず、3、4卵産んでから温め始めます。そうすることで、だいだい同じ日にヒナが孵ります。卵を温める期間は2週間ほど。孵化したら親鳥がせっせと虫を捕まえてきては、ヒナに食べさせて、3週間ほどかけて巣立たせます。

ツバメの巣は、軒先にポツンと1つだけあることもありますが、場所によっては、何十羽ものツバメが同じ場所で巣をつくることもあります。すると、なかなか大変なことが起こります。

昔話をしますが、私が通っていた高校には、ツバメの巣がたくさんありました。体育館の周囲を、ぐるりと外廊下があって、その廊下の屋根にあたる天井付近に20羽くらいのツバメが巣をつくっていました。

ある日、ツバメの巣の下に、ヒナが落ちて死んでいるということがありました。掃除のときに誰かが見つけて報告したようです。特に全校的に問題になったわけではないのですが、教員間では情報が伝わったらしく、私の担任の先生が「誰がやったかは知らないが、小さな生き物に当たるべきではない」と、短く重くおっしゃったことを覚えています。そのとき、私は、何か引っかかりを感じはしたのですが、当時は知識がありませんでした。でも今はわかります。「先生、それは私たちじゃなくて、ツバメがやったことです！」と。

ツバメは、集団で巣をつくる場合、なかなかあこぎなことをします。たとえば、独り者のツバメのオスは、すでに夫婦となっているツバメの巣から、卵やヒナを落とします。なぜなら、独り者はそのままでは繁殖できません。しかし夫婦の仲を裂いてしまえば、メスはまた卵を産める生理状態になって、自分にチャンスが生まれます。おそらく、先の高校時代のツバメのヒナも、独り者のツバメに落とされたのだろうと思います。

しかし、その知識が当時の私にあれば良かった、とは思いません。というのも、私の成績表には、だいたい、いつも赤点（平均点より半分以下）が1つか2つくらいあって、担任の先生からは困った生徒だと思われていました。そういうダメな生徒が、ツバメについて、もし得意げに講釈を垂れたらと想像すると……。

†越冬ツバメ

そんな、他人のあこぎな攻撃をすり抜けて、ツバメのヒナは、虫を食べて、立派な成鳥になります。6月ごろに、メスよりも、また一段と尾の短い若いツバメが、親ツバメと電線に止まっていたりするのを見るのはなかなかいいものです。

夏の終わりごろになると、町中ではツバメの姿を見かけなくなります。どこに行っているかというと、スズメと同じように農耕地や川沿いなど、餌が豊富なところで見られるようになります。そして、夕方になるとヨシ原などで、集団でねぐらをとります。

暗くなる1時間ほど前から、どこからともなくツバメが集まり始めます。しばらくは飛び交っているのですが、暗くなる少し前に波が引くように、すっとみながヨシ原に入っていきます。なかなか壮観ですので、機会があれば、ぜひご覧になってみてください。

これらの姿も秋に入るころには見られなくなります。南へと渡っていくからです。渡る先は、フィリピンやインドネシアなどの東南アジアです。

ただ、すべてのツバメが渡るわけではありません。冬になっても渡りをせずに、残っているものもいます。宮崎などの南国では、お正月に家の軒下をツバメが飛んでいる姿が見られ、季節感がよくわからなくなります。

†昔のツバメは愛情が深かった？

現実には残酷なツバメですが、古典の中ではしばしば貞淑《ていしゅく》を守る鳥として出てきます。『今昔物語』には次のような話があります（古典では、しばしば赤点をとっていましたが、この話はよく覚えています）。

「夫死にたる女人、後に他の夫に嫁《とつ》がざる語（夫を亡くした妻、再婚を拒む話）」というものです。

夫が死んでしまった娘がいました。娘の親は娘に再婚を促します。しかし、娘は断ります。しかし親のほうもあきらめません。そこで娘は、答えます。「この家に巣をつくっている夫婦のツバメのうちオスを殺し、メスには印をつけて放してみて、来年、そのメスが他のオスを連れてくるようだったら再婚します。でもツバメですら、きっと死に別れたら、新しく夫を迎えることはないはずですから」と。そこで両親はオスのツバメを殺して、メスの首に赤い糸をつけて放します。すると翌年、メスは帰ってきたものの、オスを連れていなかったので、両親は再婚話をあきらめます。ツバメですら再婚はしない、昔の女性の心はこのようなものであった、と話は終わります。似た話は、中国にもあるので、輸入したものでしょう。

こういった話に、現実をぶつけるのは浅ましいことですが、それでもぶつけると、実際のメスは、こんなに身持ちが堅くありません。おそらくオスを殺すと、翌年どころか、その年のうちに（繁殖する時間が十分にあれば）、別のオスと番《つが》うと思われます。野生生物というのは、自分の子孫を残すよう行動するように進化しているからです。

しかし、仮に、この話が本当だったとすると、首に赤い糸をつけてしまったせいかもしれません。というのも、研究の都合上、鳥に目印をつけることがあるのですが、目印をつけたら、その目印によって、番《つがい》をつくりにくくなったということがあります。つまり、変な格好をしているので、交配相手として不適切だと思われるということです。もし先の話に出てきた未亡人が、それを知っていてやったのだとしたら、大した観察眼です。

ちなみに、この話、世界最古の標識調査の例ではないかと言われることがあります。標識調査というのは、鳥を生け捕りにして、足に鳥の負担にならない重さの金属製のリングをつけて放す調査です。その個体が別の場所で捕まると、移動距離、寿命、年齢に応じた体色の変化、などがわかる貴重な調査です。世界各地で行われていて、日本で標識された鳥が、どこで越冬しているかわかるのもこの調査のおかげです。日本では、山階《やましな》鳥類研究所というところが、環境省の委託をうけて行っており、いろいろなことがわかっています。お時間があれば、ぜひ山階鳥類研究所のウェブサイトをご覧ください。

†低く飛ぶと雨が降る

ツバメといえば、あの軽やかな飛び方です。飛ぶ速度も速く、切り返しもみごとです。ツバメがひゅんひゅん飛んでいるとき、何をやっているかといえば、多くの場合、虫を探して捕っています。よく見ると、口を開けて追っているのがわかります。

ツバメが低く飛ぶと雨が降るといったりします。これは、雨が降りそうになると、飛翔性の昆虫が低いところを飛ぶようになるので、それを狙ってツバメも低いところを飛ぶのです。

じゃあ、ツバメで雨が降るかどうか予測できるかといいますと、一応できます。確かに雨が降る前にツバメは低く飛びます。が、ツバメの姿を見なくても、空気が湿ってきているのが感じられますし、遠くを見れば鉛色の雲が見えています。

ツバメは飛びながら水を飲むこともします。池やお堀で、ツバメが口をあけたまま、下くちばしを水面につけて、水を飲む行動が見られます。水面にすーっと、一線が引かれて、なかなか見事です。

剣術には、飛んでいるツバメを切るほどの早業という意味なのか、ツバメ返しという技もあります。佐々木小次郎が使ったといわれる技です。私は、武術の専門家ではないので詳細はわかりませんが、いろんな資料を拾い読みしてみたところ、どうもツバメ返しというのは、講談か何かで後の時代になってついた名前のようです。佐々木小次郎が、本当にそういう技を使ったかどうかも定かではありませんが、ツバメ返しの正体は虎切《こせつ》と呼ばれるものではないかとのことです。虎切は、対峙した相手に対して切り下ろし、よけたところを踏み込んで、下から切り上げるという技のようです。この技、下からのはね上げる剣速がよほど早くないと危険でしょう。なぜなら剣が下がった瞬間は無防備になるわけですから。

本当の使い手がいたら、まさにツバメがくるっと方向転換をするような形で刀が下から上にあがっていくのでしょう。ただ、実際のツバメをよく見ると、方向転換する前には、速度が落ちています。物理法則に逆らうことはできないのですから、あたりまえです。

†ツバメも減っている?

スズメはどうやら減っているようだという話をしましたが、ツバメについてはどうでしょうか。場所によっては、減っているという記録もあります。一方、変化していない、あるいは増えているという場所もあります。

スズメは例外的に、さまざまな記録があったので、どうも減っているようだと考えることができました。しかし、一般的に普通種（ありふれた普通の生き物）が増えたかどうかはわからないのです。調べる必要もありませんし、そもそも誰も興味を持ちません。ただ最近は、こういった普通種を含めて、生き物の個体数を継続的に調査していくことで、環境の変化がわかるようになるということで、環境省を中心として調査が進められています。

とはいえ、ツバメが生息するために必要な環境を考えてみると、ツバメが減ったと聞いて納得がいく部分もあります。ツバメが生息するためには、軒先のあるような家が必要です。巣をつくるためには、巣材のための土が必要です。土ならなんでもいいわけではなくて、雨が降って水を含むと少しねちゃねちゃするような土が好きなようです。そして、子育てには飛翔性の昆虫が必要です。たとえば、ヒナが小さいときには小バエ、大きくなると、トンボやガやチョウです。つまり、「巣をつくれる構造を持った軒下あるいはそれに類似した構造」「土などの巣材が調達できる環境」、および「ヒナに食べさせるための餌を調達できる環境」が揃っていることが必要です。

こういった環境は昔に比べて減っているような気がします。少なくとも、その三つが揃っている環境は減っている気がします。ツバメが減ったかどうかは、はっきりとはわかりませんが、「ツバメなんて見たことがない」なんて世代が増えないようにしたいものです。

†腰の色に注目

ふだん、よく見かけるツバメも、よく見ると1種ではありません。これまでも何度も出てきた種名問題で、混乱を招くかもしれませんが、「ツバメ」というツバメがいます。それ以外にも町の中には、もう1種か2種のツバメの仲間がいます。

普段見ているツバメは腰の部分が黒いのですが、他に腰の色が白いのと赤いのがいます。

白いのはイワツバメ、赤いのは、その姿のごとくコシアカツバメです。イワツバメは、よく橋げたの下に巣をつくって、そこで乱舞している姿が見られます。ツバメの巣がお椀型なのに対して、イワツバメの巣は、出入り口が細くつくられています。そして、コシアカツバメは、西日本で多く、巣が徳利《とっくり》型をしています。

身の回りにいるツバメと思っているものの中にも、実は姿形が違う別のツバメもいるかもしれません。ぜひ、じっくり観察してみてください。

2 ハクセキレイ

特徴がたくさんあってわかりやすい鳥

スズメが減り、ツバメはどうかわかりませんが、それに対して町の中で明らかに増えてきた鳥がいます。それがハクセキレイです。白黒二色のおしゃれな鳥です。よく地面を走っています。走っている場所は、舗装された駐車場や公園の芝生の上のような開けたところです。テケテケテケテケテケテケという擬音がピッタリな感じで、走っては立ち止まり、何かをついばみ、しばらくもぐもぐして、またテケテケテケと走っては、何かをついばみます。止まったときに尾羽をよく振っているので、まるで機械仕掛けのようです。

舗装されている場所では、壁際を丹念に歩いていることもあります。おそらく、そこにゴミがたまったり、虫が落ちていたりするからでしょう。歩いた場所に、転々と水気の多い糞が見つかるのですが、ひょっとして自分の縄張りだと主張するために、意図的にしているのかもしれません。

そういった場所でしばらく餌を採ってから、どこかへ飛んでいきますが、そのときにも特徴があります。一つは鳴き声でして、たいてい「チチン、チチン」という声を発しながら飛んでいきます。そして飛び方も特徴的で、波状飛行と呼ばれる飛び方をします。一旦羽ばたいて、その勢いで、体2、3個分上昇し、今度は羽をすぼませて、体2、3個分下降し、一番低くなったところで、また羽ばたいて上がって、また下がります。横から見る

写真28　町の中でよく見かけるようになったハクセキレイ

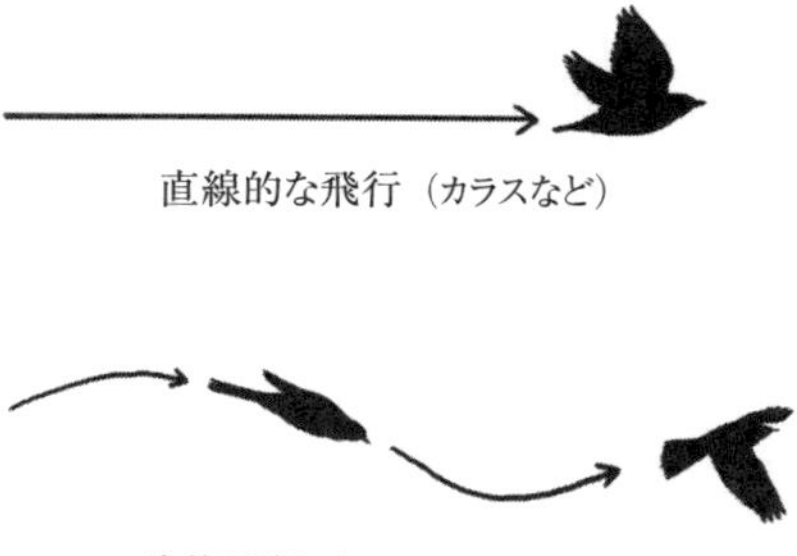

図13　鳥の飛び方（スズメはこの中間の飛び方をする）

と、浅い波を描いているように見えるので、波状飛行というわけです。

†都市の新参者

このハクセキレイ、以前は町の鳥ではありませんでした。都市の鳥としては新参者の部類に入ります。ハクセキレイはもともと北海道や北東北の沿岸で繁殖をしていました。それより南には、冬の間にやってきて、そして、また春になると北へ帰っていく鳥でした。しかし、1950年ごろから次第に南へと進出をはじめ、さらに、沿岸から内陸部へと進出してきたのです。現在では、日本の都市のどこに行っても見られます。都市の鳥の代表選手となっています。

これは驚くべきことです。普通、生き物の生息環境は、そう大きく変化するものではないのに、ハクセキレイの場合は、沿岸と都市というまったく違う環境に分布域を拡げたのですから。とはいえ、それは我々の目から見て違うのであって、彼らにとっては、沿岸と都市は、天然の石とコンクリートという違いはあるにせよ、それらによって大部分が覆われているという意味では、同じようなものかもしれません。

ハクセキレイは、本来は地上のへこみ、河原の石の間などに巣をつくる鳥でした。では町の中に進出した後には、どこに巣をつくっているかというと、スズメのように建造物の隙間を使っています。ただし、スズメが閉じた空間（屋根瓦の下のように、一方向だけ空いている空間）を好むのに対して、ハクセキレイは、それよりももう少し開放的な場所にも巣をつくります。たとえば、鉄骨の上、ガレージの中の棚の上、ベランダなどに、草で編んだ巣を載せるような形でつくるのです。

写真29　換気扇の上につくられたハクセキレイの巣

ハクセキレイが町の中に進出してきた背景には、巣をつくる場所の変遷が関係しているのかもしれません。沿岸地帯や河口付近などの自然環境で営巣していたものが、港や工場などの人工構造物に出会って、そこでも営巣するようになり、人工構造物に慣れたので、さらに内陸部の町の中でも繁殖できるようになったと考えられます。

食べるものは雑食ですが、昆虫食寄りのようで、地面で餌を採っているところをみると、徘徊性の昆虫を獲っているのでしょう。ただし、ときにはトンボのような大きな飛翔性の昆虫を捕まえることもあります。先ほど開けた場所で餌を採っているという話をしましたが、ビル街のようなところでは、ビルの屋上で餌を探している姿もよく見られます。実は屋上というのは、昆虫などが風に舞いあがって溜まっているので、存外食べ物が豊富なのです。

子育ては5月ごろから始まります。その少し前から、とても複雑な声で鳴きます。先ほど、ハクセキレイが飛んでいく時に「チチン、チチン」と鳴くと書きましたが、これとは別に、文字では表せないほど複雑なさえずりを行うのです。町の中で、さえずる鳥としては、ピカイチの複雑さかもしれません。もちろん、メスにアピールするためだろうと思われます。ちなみにメスの姿は、オスが黒白がはっきりしているのに対し、黒い部分が灰色がかっているので、容易に見分けられます。順調に子育てが進むと、6月ごろには、メスよりもさらに淡い灰色の巣立ったヒナが見られるようになります。

†尾を振る不思議

じっくり観察してみるとわかりますが、ハクセキレイはしょっちゅう尾を振っています。これはハクセキレイだけではなく、セキレイの仲間全般にいえることです。なぜセキレイの仲間が、これほどよく尾を振るのかはわかっていません。

古い研究はあって、餌を食べているときによく振る傾向があるので、捕食者に自分は気づいているのだということを伝えているのではないかという説があります。でも、よく考えるとおかしなこともあって、じゃあ、無駄に振っていれば、それで自衛になるかといえば、当然、目立つわけですから、襲われやすいはずです。何か意味はあると思うのですが、説得力のある仮説すらない状態です。

図14　セキレイの仲間に特徴的に見られる尾振り

セキレイの尾の動きは特徴的なので、しばしば、何かの説明として使われることがあります。もっとも古いのは、日本書紀において、イザナギ、イザナミが夫婦のいとなみの仕方がわからなかったところ、セキレイがやってきて尾を振ったので、そのやり方がわかったという話があります。なんだか、わかったような、わからないような話です。
坂本竜馬も使い手だった北辰一刀流《ほくしんいっとうりゅう》という剣の流派でもセキレイの尾の動きが使われています。北辰一刀流では、剣先をそれ以前のように固定せずに、セキレイの尾のように微妙に動かします。

この動きをそのまま「鶺鴒《せきれい》の尾」といいます。この鶺鴒の尾の動きによって、次の動作に素早く移行でき、またフェイントにもなるようです。北辰一刀流の創始者である千葉周作がセキレイの尾の動きを見て参考にしたとのことですが、実際には参考にしたわけではなくて、北辰一刀流はわかりやすさ、合理性を主眼に置いていたので、説明のためにセキレイを持ってきただけなのかもしれません。

†大規模なねぐら

ハクセキレイは、冬になると町の中で大きな群れをつくって眠りにつきます。

以前、真冬に葉っぱが落ちているはずのイチョウの木が、そわそわ動いていたことがあり、よく見ると、ハクセキレイがびっしりと止まってねぐらをとっていたことがありました。たくさんの方がすぐそばを歩いているのですが、気づく人はいませんし、ハクセキレイのほうも気にしていないようでした。

最近はそういったハクセキレイのねぐらが各地で見られるようになり、その下にはたくさんの糞が落ちるものですから、苦情もあって、木全体をネットで覆って、ねぐらにならないような処理もされ始めています。

このように、ハクセキレイはここ数十年で大躍進を続け、都市の中に進出してきた鳥です。餌を採る場所、色、行動など、とかく目につきやすいので、たくさんいるような印象を受けますが、実際は、スズメよりも密度が低い鳥です。十分な調査結果ではないので大まかな目安に過ぎませんが、スズメの10分の1くらいの密度だと思われます。ハクセキレイが、このまま町の中に定着するのか、あるいは、どこかで退きはじめるのか、今後とも注目したいものです。

なお、実はセキレイもよく見ると、ハクセキレイ以外に、もう2種いる場合があります。セグロセキレイとキセキレイです。これら2種は、すこし自然が豊かな川沿いで見られます。セグロセキレイよりもキセキレイのほうが、より上流側にいる傾向があります。ハクセキレイ以外のセキレイ類が見られれば、その都市は自然が豊かなことを示しているとも言えます。お近くに川があれば、気にしてみてください。

3　コゲラ

†小さなキツツキ

「町の中には、キツツキの仲間もいます」と話すと、たいていの人は驚きます。キツツキなんて山の中にいるものだと思っているからです。私も、子供のころ家のすぐそばで、この小さなキツツキであるコゲラを見つけた時は感動したものです。大きさや重さは、スズメとほぼ同じです。

キツツキが山の中にいるというイメージは間違いではありません。なぜなら、キツツキが生活をするには、たくさんの木が必要だからです。森の中で、木に穴を掘って巣をつくるのが本来のキツツキの生活です。

では、コゲラがなぜ町の中にもいることができるかといえば、体が小さいので、それだけ小さな林でも生息できるからです。とはいえ、同じサイズの鳥に比べれば、コゲラの縄張りの広さは、20ヘクタール（400×500メートルくらい）と、かなり広めです。しかも、多少、広場など混ざっても構いませんが、基本的に林の面積です。都心であれば、かなり大きな公園が必要です。地方都市であれば、城跡のようなところに生息しています。

写真30　町の中でも見られるキツツキ、コゲラ

なぜ、広い林を必要とするかといえば、たくさんある木のうち、実際に利用できる木は、そうたくさんはないからです。たとえば、コゲラが巣をつくろうと思ったら、枯れた木とか、材のやわらかい木が必要です。そういう木があるためには、たくさんの木があって、そのうちのどれかが使えるという状態になければなりません。

冬になると、小さな公園でもコゲラを見られるようになります。これは第1章でも述べましたが、子育ての時期と、それ以外の時期では、制約が異なるからです。子育てをする時期には、巣をつくれる場所、そして、その巣のある場所から近いところに餌を採れる場所が必要です。それに対して子育てをしない冬の間は、餌は自分の分を賄えればよいわけですし、巣を中心に動く必要はないので、より広い範囲の中で餌が採れれば十分だからです。個人宅の庭にやってくることもあります。

✝木をツツク、コゲラ

キツツキの特徴といえば、木に垂直に止まる姿です。コゲラも小さいとはいえキツツキですから、もちろんできます。足もそれができるように、スズメなどと違い、対趾足《たいしそく》とよばれる構造をしており、前に2本、後ろに2本の指で、がっちりと止まれます。

もちろん、そのまま、木を叩く動作もします。ただし、大型のキツツキよりも弱々しいものです。大型のキツツキがタラララララララと、大きな音をたてて1・5秒くらい叩くのに対して、コゲラは、ココココと音も小さく、叩いている時間も短めです。それでも、0・5秒の間に10回くらいは叩いています。

このように木を叩くから、あるいは木をつつくからキツツキなのですが、日本には、キツツキという名のつくキツツキはいません。全て「○○ゲラ」です。北海道にいる大きな黒いキツツキはクマ「ゲラ」、日本全国の森林に棲み、赤い頭をしているのはアカ「ゲラ」です。そして、小さいからコ「ゲラ」です。

キツツキが木を叩くのには、主に三つの理由があります。

一つは、木に穴をあけて巣をつくるためです。スズメが住宅の隙間に巣をつくるように、ツバメが壁面に泥でつくるように、キツツキは、自分で木に穴を掘って、そこを巣とするのです。コゲラの場合、穴の大きさは500円玉よりも大きいくらいです。

木を叩く二つ目の理由は、木に穴をあけて虫を食べるためです。コツコツと軽く叩いて、どこに空洞があるのかを探しあてます。空洞があれば、そこにカミキリムシの幼虫などがいる確率が高いわけですから、今度は連続で叩いて穴をあけて、虫にまでたどり着きます。

最後に、自分の存在をアピールするためでもあります。ここが自分の縄張りだぞ、と宣言しているのです。ですので、キツツキがいるところで、ちょっと意地悪をして、木をコツコツと叩くと、何事かときょろきょろし始めます。場合によっては近くにまで飛んできてくれます。

キツツキが木を叩くことをドラミングといいますが、我々が、あんなに高速で頭を動かしたら、動かすだけでも脳震盪《のうしんとう》を起こしてしまいます。キツツキ類はそうならないように、多くの進化を遂げています。

首は強靭な筋肉で覆われています。くちばしは、ある程度の可動性があって、衝撃を吸収します。頭の骨は、他の鳥より柔らかく梱包材の役割をしています。そして、脳そのものも頭蓋骨の中にしっかり詰まっていて振動しません。また、舌骨《ぜっこつ》と呼ばれる骨が発達して、我々でいえば、あごの左右、いわゆる鰓《えら》のあたりから頭の後方を回って、鼻のあたりまでつながっており、シートベルトのように頭全体を守っています。

✝独特の動き

コゲラは慣れてしまうと、とても見つけやすい鳥です。ハクセキレイと同じく、いくつか特徴があります。

まず声です。ギーという、少し低めの声を出します。または、キーキッキッキッという高めの声も出します。これらの声を一度覚えると、すぐにコゲラの姿を見つけられるようになります。

飛ぶときにも特徴があって、ハクセキレイと同じく波状飛行をします。スズメサイズの茶色っぽい鳥が波状飛行をしていたらコゲラだと思って、まず間違いありません。

餌を採るときにも独特の動きをします。先ほど書いたように、コゲラはキツツキらしく、木の中や木の表面にいる虫を食べます。その動きが特徴的なのです。

まず、餌を探そうとする木の根元付近に止まります。そして、そのまま餌を探しながら登っていきます。なぜ木の根元付近に最初に止まるかといえば、キツツキは木に垂直に止まって上に進むことはできるのですが、バックはできません。ですから下から餌を探していくわけです。その際、ただまっすぐ登るわけではありません。しばしば木の幹をらせん状に回りながら登っていくのです。自分が止まっている木の裏側にいる虫も見逃さないようにするためです。

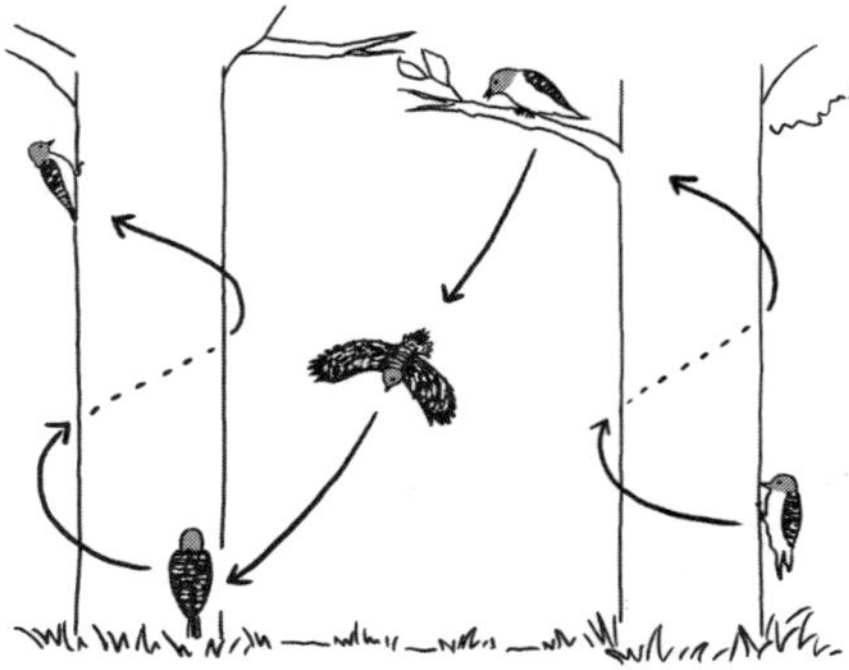

図15　木の上から下まで丹念に餌探し

そうして、次第に細い枝へと達します。そして、その木を探索し終わると、飛び立って隣の木の根元に吸い付くように止まります。そして、また上まで登るという動作を繰り返します。

このように虫を食べますが、果実や種子も結構食べます。柿のようなフルーツも大好物です。

†町の中の住宅建造者

コゲラがいるところは、そもそも広めの林があるところですから、町の中でも自然度が高いところ、あるいは自然度が高い町といえます。しかし、それだけではなく、コゲラが棲むことで他の鳥が棲みやすくなる効果もあります。

というのも先ほど書いたようにコゲラは林の中の木に、自分が巣として使用するために穴を掘ります。この穴が、別の鳥の巣として使われるのです。

過去にコゲラがつくった古巣を、スズメ、シジュウカラ、コムクドリなどが使うことがあります。これらの鳥は木にあいた穴に巣をつくるのですが、自分たちでは、巣を彫ることはできません。自然にできた樹洞《じゅどう》を使うこともありますが、そのような洞は多くありません。その貴重な場所をコゲラがつくってくれるのです。そういう意味で、コゲラの存在が他の鳥たちの生息を促進しているのです。ただし、コゲラにとっては迷惑なことですが、古巣ではなく、コゲラがせっせと完成させた巣を、完成直後にスズメなどが奪ってしまうこともあります。このときは、さすがにコゲラが気の毒になります。

自然環境では、ある生き物がいることで、他の生き物が棲みやすくなるということがあります。その点で、コゲラは町に生息できる鳥類の多様性を高める役割を果たしているわけです。

コゲラは比較的見つけやすい鳥です。特に冬に葉っぱが落ちると、より一層見つけやすくなります。私見ですが、コゲラの可愛さは、町の中で見られる鳥の中でも群を抜いています。ぜひぜひ見つけてあげてください。

コラム

●稲負鳥

平安時代に編まれた『古今和歌集』という歌集がありますが、その昔、『古今和歌集』の歌の内容や解釈は、秘伝として、師から弟子に伝えていました。その秘伝の一つに、「三《さん》鳥《ちょう》」というものがあります。

その三鳥とは、「呼子鳥《よぶこどり》」、「百千鳥《ももちどり》」、「稲負鳥《いなおおせどり》」です。たとえば「ももちどり さへづるはるは ものごとに あらたまれども われぞふりゆく」（ももちどりがさえずる春はあらゆるものが新しくなっていくのに、自分だけ古びていく）という歌に使われています。

この三鳥ですが、少なくとも現代において、正式にそういった名前の鳥はいません。おそらく、秘伝の中には、それがどういう鳥であって、それが詠みこまれた歌をどのように解釈するかということが示されていたと思われます。

後の時代の人は、これらの三鳥が実際の種名でいくと何にあたるかということを、口伝の一部、歌の季節、情景などから類推しています。

その結果、呼子鳥はカッコウ、百千鳥はウグイスだと考えられています。他にも説はありますが、この二つは、比較的、確証が高いものです。

一方、稲負鳥についてだけは曖昧さがあり、たくさんの説があります。その中で有力なものとして、セキレイ説があります。稲負＝セキレイとなる根拠は、「セキレイの尾の動きが、牛馬に稲を負わせて運ぶ様に似ているから」あるいは「セキレイが鳴くころに、田から稲を背負って家々に運び込むから」などです。

ちなみにこの秘伝、戦闘を終結させたことがあります。戦国時代の武将の細川幽斎が、この秘伝を知っていたのですが、ある時、ある城で、敵方に囲まれてしまいます。幽斎は、籠《ろう》城《じょう》・討死《うちじに》を覚悟していたのですが、時の天皇は、幽斎が討死すると秘伝を伝授できる者がいなくなると、お憂いになって、幽斎・敵方の双方に講和を促し、それがなされたのです。つまり、歌がきっかけで戦闘が終結したわけで、どこぞの巨大ロボットアニメのようです。

●「若い燕」

年下の若い男の恋人（愛人）のことを「若い燕」といいます。

この言葉が誕生したのは大正時代です。日本史の教科書にも出てくる、平塚明《ひらつかはる》（ペンネームらいてう）が関わっています。平塚は、女性解放を訴えた、とても情熱的な女性で、「元始、女性は太陽であった」という有名な題の文章を残しています。

当時、平塚は、尾竹紅吉《おたけべによし》という女性と深い関係にありました。2人とも、話題に事欠かない人物で、当時の新聞や雑誌で、称賛されたり叩かれたりしています。

そこに、平塚より4歳年下、当時22歳の奥村博史という男性が登場します。平塚と奥村は、恋に落ちてしまいます。要は三角関係みたいなものになって、奥村はいろいろあって身を引こうとします。その時に、奥村が平塚にあてた手紙（実際は奥村の友人による代作ですが）の中に「池の中で二羽の水鳥たちが仲よく遊んでいたところへ、一羽の若い燕が飛んできて池の水を濁し、騒ぎが起こった。この思いがけない結果に驚いた若い燕は、池の平和のために飛び去って行く」という趣旨の表現があったのです（ここの文章は、正確なものが残っていないようで、表記にいくつかパターンがあります）。要は、自分がいることで波風立つので身を引きますということです。

この手紙にあった「若い燕」という表現が外に漏れ、その言葉が流行り、結果、年下の男の恋人のことを「若い燕」と言うようになったのです。

鳥の研究者としては、なぜ「鳥」だったのか、なぜ「燕」だったのかが気になります。ここからは私の推測が多分に入ります。

平塚のペンネームは「らいてう」で、これは高山帯に生息する雷鳥のことです。鳥つながりで水鳥というのは順当なところでしょう。ただし、本当の手紙では「水鳥」ではなくて「鴛鴦」つまり、オシドリだったという記述もあります。「二羽の水鳥」だと、単に二個体ですが、鴛（オスのオシドリ）と鴦（メスのオシドリ）であれば、鴛鴦の契りというように結びつきの強い二羽を指すことになります。

加えて奥村にも「鳥をあてがう」ことは意味があったと思います。奥村は、１９３４年に誕生する日本野鳥の会の初期からの会員だったほどですから。日本野鳥の会の創立メンバーは錚々《そうそう》たるもので、北原白秋、金田一春彦、柳田國男など、一流の文化人の集合でした。

では、鳥の中でも、なぜ「ツバメ」が選ばれたかです。本文でも書いたように、ツバメは水面をすっと飛んでいく姿をよく見かけますから、水面を乱すということで、そうなったのかもしれません。または、「貞燕烈鴛」という故事がありますから、それにひっかけた可能性もあります。

なお、年下の男の恋人が「若い燕」なら、逆（＝年下の女の恋人）の言葉は何だろうという気になりますが、そういう表現はありません。当時、カップルといえば、男性のほうが年上なのが当たり前だったからです。

第6章

都市の中での鳥と人

1 鳥と人との軋轢

†鳥がいると問題も生じる

ここまで話してきたように、町の中、より堅めに言えば都市の中であっても、ちょっと気を配れば、何種類かの個性的な鳥たちを目にすることができます。それらの鳥たちは、都市という人が人のためにつくり出した特殊な環境で、うまく生活しているのです。通勤、通学、あるいは散歩の中で、そんな鳥たちの存在に気づくことができれば、日々のささやかな楽しみが一つ増えること請け合いです。

さて、私などは、身の回りにたくさんの鳥がいることを好ましく思うほうですが、良い側面があれば、悪い側面もあるというのが、世の常です。都市というのは当たり前ですが、人が高い密度でいるところですから、そこに鳥がいることで、人と鳥との間に軋轢が生じやすい場所でもあります。そこで最後の章では、現在、都市の中で鳥と人との間にどんな問題があるかを挙げ、完全解決とはいかないですが、解決の方向をめざすための私なりの考えを書いておきたいと思います。「私なり」と予《あらかじ》めことわっておくのは、いろいろな考え方があって、ただ一つの正しい答えはないからです。

†解決のための基本方針

鳥と人の間の軋轢には、いろいろな形があります。そのため、個々に対して解決策を考えるのではなく、基本方針を掲げて、その基本方針のもと解決策を考えるほうが、一貫性がでてきます。そこで、基本方針として以下の三つを挙げたいと思います。

一つ目は、人間本位で考えてよいだろうというものです。自然が豊かなところでは、自然本位、つまり、野生生物の立場で考えるべきです。しかし、都市は人間が自分たちが住むためにつくった空間ですから、都市の中では、人間の立場を優先してよいだろうと思います。

基本方針の二つ目は、良く言えば寛容、悪く言えば曖昧な線引きをするということです。近頃は、生き物との関わりにおいて、「してはいけないこと」の範囲が広がる傾向があるように思えます。「生き物は自然のままのほうがよい」「捕まえてはいけない」「飼ってはいけない」などです。ですが、今、鳥を愛でている大人たちにしても、話を聞くと、たいていの場合、子供の頃はろくでもないことしています。虫を捕まえて遊びの中で殺したり、小鳥のヒナを巣から採ってきて鳥カゴで飼ってみたり。私も、ひどいことを散々してきました。しかし、子供のある時期を境にやめました。そういう残酷な経験を積むことで、生き物をよく知り、大切に思うようになる時期が訪れる気がします。

本当に残酷な経験が必要なのか確証はありません。が、いずれにせよ、法を犯さない範囲であれば、あまり「あれもこれもやってはいけない」と言うよりかは、生き物と触れ合う機会を増やすようにしたほうが良いと思います。いろいろな形で生き物と触れ合う機会を持つ人が増えれば、その中から、自然に対する興味を抱く人たちも出てきます。すると、トータルで見れば、軋轢が軋轢ではなくなってくると思うのです。

三つ目は、後で詳しく話すように、我々が鳥に近寄ることで鳥と人との間に軋轢が生じる場合があるのですが、我々も控えめに鳥と接するべきです。責任をとらなければならない人は、問題が起きると再発しないように規制をかけなくてはならなくなります。規制する側は手間がかかり、規制される側は自由がせばまる、という誰も得をしない状態に陥ることがよくあります。「初めから、ほどほどのところでやめておけば、そんなルールはつくらなくて済む」ことが多いのです。だから、問題化しないように、ほどほどにすることです。

2　鳥に餌をやるのはいいのか？

†餌やりの良い点

都市における人と鳥との接し方の中で、もっともよく話題にのぼるのは、餌やりです。餌やりにもさまざまな形があります。

一つは公園で餌をやる場合です。比較的大きな公園に行くと、鳥に餌をやっている方を目にすることがよくあります。池のそばで、カモやハクチョウにパンをやったり、ベンチに座って、ハトやスズメに米を与えたり。中には、カラス、カモメ、トビなどに、毎日のように餌をやっていて、その地域で、カラスおばさん、カラスおじさんなどの呼び名で有名な方もいます。その人が公園にやってきただけで、周囲から鳥が集まってくるほど、鳥のほうが慣れている場合もあります。別のタイプの餌やりとしては、自分の庭に餌台を置いて、それを家の中から楽しむというやり方もあります。

まず、こういった餌やりの良い点を確認しておきます。

餌をもらう側の鳥にとっては生き残る確率が上がります。特に冬の間のことになりますが、鳥たちは餌不足の状態です。餌を得られず、体温を維持できなくなって死んだり、体調を崩して病気になったりする可能性があります。ですから、餌を与えることには、本来なら死んでしまう命を救える可能性があります。

餌をやる人間側の利益としては、餌を与えた人が自然に親しむ機会を得ることが挙げられます。単純に個人レベルでの楽しみだと考えてもいいですし、大きな湖沼などでの餌やりは、目の前でカモやハクチョウが見られるので、観光資源としての価値もあります。

†餌やりの悪い点

一方、悪い点は、大きく五つに分けられます。

一つ目は、餌をもらった鳥が、不健康になる場合です。我々と同様、鳥たちもバランスの良い食事が必要なのですが、餌やりでは、パンなどの炭水化物だけを与えることになりがちです。鳥のほうも、手に入りやすいものを食べてしまって、栄養が偏ってしまいます。

二つ目は、餌を与えた鳥の生態を変えてしまう可能性です。たとえば、本来は渡るべき季節になったのに、餌を安定してもらえるために、渡りをせずに居ついてしまうことがあ

写真31　公園でのスズメ（上）、庭でのメジロ（下）への餌やり

ります。すると、その地域だけでなく、渡り先の地域を含めた、広い範囲の生態系に影響を与えかねません。

三つ目は、餌を与えた鳥以外の生物への影響です。たとえば、船の上からカモメの仲間に餌をやることがありますが、それによってカモメが増えて、そのカモメが、数が少なくて保護されている別の海鳥の卵を襲って食べたりすることがあります。

四つ目は、水鳥に餌を与える場合に限りますが、水質汚染につながることがあります。これは与えた餌に食べ残しがある場合だけに限りません。餌やりというのは、要は、自然状態にない量の有機物を外部から供給することになるので、糞として排出されることによっても水質汚染は起きます。

最後は、人が受ける害です。先に書いた水質汚染によって、湖で獲れていた魚が減ったり、アオコが発生したりと実害が起きます。公園での餌やりの結果、ドバトが増えて、近所の人が糞の問題に悩まされることもあります。同様に餌やりによってカラスが増えれば、農作物を荒らす可能性があります。

†餌やりは本当にいけないのか?

餌やりについては、年代によって意識が違うことも心にとめておいたほうがいいかもしれません。戦後、間もないころまで、鳥というのは石を投げて追い払うもの、という雰囲気がありました。それに対して、GHQの指導もあり（当時アメリカでは、自然保護の機運が高まっていましたから）、社会全体として鳥類を保護するように舵を切っていきました。そのころ教育を受けた年代の方たちの中には、鳥を大切にする＝餌をやる、と考えている方もいらっしゃいます。

そういう方もいることを頭に入れつつ、まず、山や川などの自然が豊かなところでは、鳥に限らず野生生物に餌を与えるべきではないでしょう。そこにいる野生生物は現状で個体数を維持し、うまく循環していることが多いからです。餌やりはその安定している状態を崩しかねません。もちろん、絶滅の危険性が高い野生生物に対して、計画的に餌をやることは例外です。

次に、「餌をやらないで」と書いてあるところでは餌をやるべきではないでしょう。そういったところでは、調査をしている人がいて、餌やりが他の生物に悪影響を及ぼすとことが実際にわかっている場合があります。また餌やりによって実害を被っている人がいるということで、行政あるいはその公園の管理者が、餌をやらないようにと、呼びかけている場合があります。実害があるのですから、餌をやるべきではありません。

では、そういった規制のない町の中ではどうかというと、なかなか難しい問題です。そもそも町という環境では、人の活動が、さまざまな形で鳥に正負どちらの影響も与えています。たとえば、草っぱらであったところを舗装すると、鳥は餌を採れなくなるので、悪影響です。一方、街路樹を植えることは、餌やり以上にある種の個体数を増やす効果があるかもしれません。公園などに巣箱をかけることも、やはり特定の種にとっては正の影響を与えるでしょう。農地は、結果として、大規模な餌の供給源になっています。そういった、いろいろな形の人間活動がある中で、餌をやることだけが、特別、問題視されなければならない、とは私は思いません。

†冬限定で、小規模に

こういう場合、行為そのものの是非を見るだけでなく、規模も考慮することが必要です。世の中には、「誰がやっても問題になること」と、「多くの人がやるから問題になること」があります。たとえば、犯罪は誰がやったっていけないことです。一方、二酸化炭素の排出は、小規模で行われている分には問題になりません。それがだめだったら、呼吸すら禁止されてしまいます。しかし、全世界的に大量の二酸化炭素が排出されているからこそ、問題になっているわけです（二酸化炭素が本当に温暖化を促進しているかについては、最近はだいぶ訝《いぶか》しがられてきましたが、ここでは、一応、温暖化を加速するという前提のもとで話をしています）。

この視点で考えてみると、町の中の餌やりについては、現状の規模であれば、それほど大きな問題は起きていないように思えます。たとえば、餌の少ない冬に、自分の庭でほどほどに餌をやることは許容できます。さらには、自分が住んでいる近くの公園で（つまり、餌をやることで問題が起きたら、それをすぐに知ることができる公園で）、やはり冬限定で、たまに一握りの餌をやるくらいは、そんなに問題にはならないと思います。町の中で餌をやって鳥と触れ合うというのも、町の中での鳥と人との関わり方の一つと考えることができます。

ただし、注意が必要なこともあって、一握りの餌を100人がやれば、やはりその影響は大きくなるわけです。それによって、迷惑を被る方がいて「鳥なんて！」と思う人が増えるのは避けるべきです。他の人がやっているようだったらやらない、鳥たちがあまりに集まるようだったら控える、そんな配慮が必要だと思います。

3　スズメを飼ってもよいのか？

†スズメを捕まえて飼ってもいいの？

私は、スズメの研究をしているものですから、ときどき一般の方から電話があって「スズメを捕まえて飼ってもいいのでしょうか？」と聞かれます。その質問に対する答えには、「法的な部分」と「鳥への接し方に関する理念的な部分」の両方が含まれています。

法的には（とはいえ、私は法律の専門家ではないので、そこのところは、割り引いて聞いてほしいのですが）、たとえば、冬に、垣根に囲まれた自分の庭で、手づかみでスズメを捕まえることは違法ではありません。一方、巣立ったばかりのスズメのヒナを捕まえることは（保護目的だったとしても）、ほとんどの場合、違法です。「ほとんどの場合」と断りを入れるのは、スズメのヒナが見られる時期は、捕獲が許可されている時期ではないからです。

私は、スズメを捕まえて食料としてありがたく頂くというのであれば、それに対して好悪はありません。漁業と同じように人の営みだと思っています。

食べていいなら、飼ってもいい気がします。実際、1羽のスズメを「食べるか」「飼うか」の違いは、「自然界からスズメを1羽減らす」という意味では違いがありません。ただ、感情的には、「生きるために食べる」ことは許容できるのですが、「飼う」のであれば、「自然のままにいる鳥を見て楽しむ」ほうがいいかなと思っています。

でも、スズメを飼っている方の話を聞いてほほえましく思う自分もいます。たとえば、冬に家の窓ガラスに衝突して動けなくなったスズメを保護して餌を与えているうちに、スズメのほうが完全になついてしまって、いつでも外に出られるようにしてあってもスズメのほうが出ていかない、というような話を聞くことがあります。それによってその家族も幸せを感じていますし、当のスズメも快適に過ごしています。別の事例では、寝たきりになった方の傍らにいつもスズメがいて、その方が幸せを感じているというようなこともあります。

基本的に飼わないほうがいいと思いつつも、そういった話を聞くと、「そういうのもありかな」と思います。結局、これも程度問題のところがあって、国民みんながスズメを捕まえ始めたら問題になるわけでして、ほどほどの加減が必要だと思います。

なお、適切なやり方をすれば「スズメを飼う・食べる」自由もありますが、それを不快に思う方もいらっしゃいます。逃げ口上になりますが、どちらの立場の人も、相手の考えを尊重し合える「ゆるやかさ」があるとよいなと思います。

†鳥の巣を撤去していいの?

ベランダに鳥が巣をつくったら素敵だ、という方もいらっしゃるでしょうけれど、困る方もいます。鳴き声もしますし、臭いもします。糞で洗濯物が汚れてしまうこともありえます。カラスが家の庭の木に巣をつくって、庭に出るたびに威嚇してきて怖い思いをするということもあるでしょう。ガレージにツバメが巣をつくって、糞で車が汚れてしまうということもあるでしょう。

こういった問題に対する処置の基本は、巣が出来上がる前に追い払うことです。卵を産んでしまってからでは、法的な意味でも厄介なことになります。追い払うなんてかわいそうと思うかもしれませんが、町の中で、人と鳥がうまくやっていくには、適した距離をとることが大切です。来て欲しくないところからは追い出し、許容できるところに居ついてもらう。この距離感が大事です。

追い払うのは、早ければ早いほどいいでしょう。鳥のほうもその場所に執着していませんから、追い払われれば、あきらめて別のところを探します。どうやって追い払うかといえば、直接的な打撃は与えず、得物を振り上げて脅したり、夜に懐中電灯で照らしたりすると効果的です。早いうちに「ここで繁殖するのはどうもうまくいきそうにない」と鳥に教えたほうが、鳥にとっても、別の場所を探す時間がとれます。

それでも巣をつくられたらどうするかですが、たとえばハトがベランダに巣をつくって、困るのであれば、業者に頼むと有料ですが撤去してくれます。

ただし、ちょっとした工夫で、うまく共存できる場合もあります。その良い例がツバメです。

ツバメが巣をつくるとその下に糞を落とします。個人的にはよいけれど、お店を営業されている方の中には、利用して下さるお客さんへの配慮から、気の毒とは思いつつも巣を落とす場合もあるかと思います。しかし、迷信を信じるかどうかは別にして、ツバメが巣をつくる家は栄えるともいいます。

そんな問題を解決する方法があります。バードリサーチというNPO法人があります。ここは、鳥類の調査や、情報収集あるいは、人と鳥との接し方について提案しているNP

O法人です。そのバードリサーチが行っている活動の一つに、「ツバメと一緒に住める町づくり」というものがあります。そこのウェブサイトを見ればわかりますが、(株)シー・アイ・シー協力のもと制作した、ツバメの糞を受けるボードを無料配布しています（個人で希望の場合は、送料300円が実費負担になります）。ツバメの巣の下に、簡単に取り付けられ、繁殖が終わるまで設置しておいて、繁殖が終わったら撤去するだけです。ほんのわずかな手間で、糞も防止できてツバメとも一緒に暮らせる、素敵な方策です。

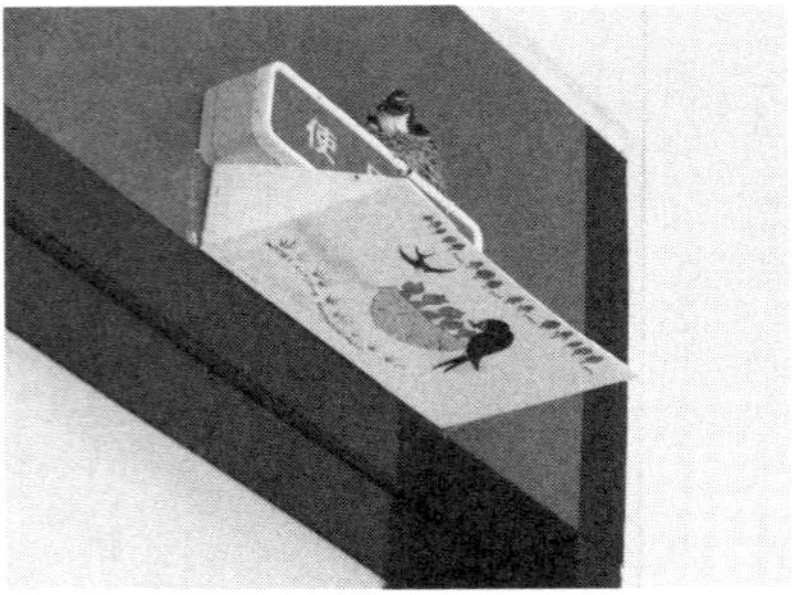
写真32　無料配布されているツバメの糞受け

†鳥を威すことの必要性

ハトやツバメは我慢できたとしても、カラス、正確にはハシブトガラスの巣はやっかいです。通勤通学路に巣をつくって、襲ってくる個体もいます。実害が十分ありそうな場合は、役所にいえば撤去してくれます。ただ、そうするとハシブトガラスのほうも繁殖できなくなってしまうので、最後の手に出る前に、こちらがハシブトガラスの威嚇に屈しないのも共存する道なのかもしれないと、最近思うようになりました。

それは、こういう経験からです。私の職場の大学のキャンパス内には、ハシブトガラスの巣が三つあります。そのうち一つの巣のペアは、非常に攻撃的です。巣のそばを歩く通行人に対して、誰彼かまわずそばまで行って鳴き、時には攻撃してきます。実際にけがをした学生もいます。私も、ハシブトガラスから、しょっちゅう警告を受けます。

普段はそのハシブトガラスを警戒させないように気をつけているのですが、ある日、考え事をしていて注意を怠っていたようで、そのハシブトガラスの防衛圏内に入ってしまいました。するとハシブトガラスが私の顔の真横、風を感じるほどのところを、後ろからすり抜けていきました。考えごとを邪魔されたので腹が立った勢いもあって、近くに落ちていた枝を拾って、そばにあった金網をできるだけ音がするように叩き、かつその枝を振り上げて、ハシブトガラスのほうに走る動作をしました。すると、ハシブトガラスは逃げていきました。

その行動は効果的だったようで、それ以来、そのハシブトガラスは、私が彼らの防衛圏内に入っても、遠くから鳴くだけで、近寄らないようになりました。ここからは推測にすぎませんが、ハシブトガラスにとって、「威嚇をして人間が逃げる」という経験は成功体験になっているのではないでしょうか。だから、繰り返しやることになりますし、攻撃が無駄にエスカレートしていっているのではないかと思います。それに対して、人間は危険な動物であり、危害を加えるとしっぺ返しを食らうことをハシブトガラスに教え込むことも、人とハシブトガラスの適切な距離をとる上で必要なことではないかと思います。ハシブトガラスは賢いので、巣の近くを人が歩くだけだと危険がない、ということを学習できるのではないかと思います。

クマが人里に下りてきたら、トウガラシ入りのスプレーをかけて嫌な思いをさせてから、山に返す場合がありますが、それと同じです。それでも、下りてくるクマは射殺されます。同じように、人間に攻撃的なハシブトガラスに対しては、まずはこちらが危険であることを知らしめ、それでもだめなら、人間の多い都市からは退場してもらってよいと思います。

ただし、こちらの威嚇によって、本当にハシブトガラスの攻撃性が収まるかは、この経験のみですから、科学的根拠は不十分です。いずれ、本当に効果があるのか試してみたいと思います。

†鳥と人との距離感

ここまでの鳥と人との問題を眺めてみると、大きく二つに分けられます。

一つは、人が鳥を好きで、近づきすぎて起こる問題です。具体的には、餌をやったり、鳥を飼うことなどです。これらは、前述したように、小規模で、問題にならない範囲で行うことが肝要だと思います。また、なんらかの自然関係のコミュニティに参加するのもよいかもしれません。たとえば日本野鳥の会だったり、バードリサーチだったり、です。そういったコミュニティに参加することで、飼育や餌やりの是非も含めて、多くの考え方や最新の情報を得ることができるからです。

もう一つの問題は、鳥の糞など、鳥のほうが人に近づきすぎたことで生じる問題です。これについては、必要な対策はとっていけばよいと思います。しかし、できれば簡単に遠ざけてしまうのではなく、先ほどのツバメの巣のように、我々のほうが、ほんの少し手間をかけるだけで、お互いうまくやっていけるような妥協点を見つけられるといいなと思います。

「人と鳥との適した距離」というのは、多くの人の考え、価値感によって変わりうるものです。現代の人と鳥の距離感は、結構遠いものだと思います。だからこそ、さまざまなことが軋轢と感じられてしまいます。「坊主憎けりゃ袈裟《けさ》まで憎い」論理です。

しかし、誰もが町の中にいる鳥の名前くらい知っていて、その存在を心憎からず思える、そんな風になれば、いくつかの問題についても、ずいぶんと和らぐと思います。つまり、「あばたもえくぼ」論理です。本書では及ばずながら、それを目指しています。

4 都市の歴史が鳥に与える影響

†都市の成り立ちと鳥の生息場所

ここまで、いくつかの鳥の生態について述べ、都市において、どんな風に鳥と関わればいいかについても触れてきました。本書を読んでくださっている皆さんには、明日からでも、身の回りにいる鳥たちを観察して楽しんでもらえればうれしい限りです。

これで終わってもよいのですが、最後にもう少し、マニアックに都市にいる鳥を見る楽

写真33　松江城と松江市街地（大きな城跡は豊かな自然を内包している）

しさをお伝えしたいと思います。

それは、都市にいる鳥を見るときに、都市の歴史に思いを馳せてみるということです。

私は、これまで色んな都市において鳥の調査をしてきました。そこで感じたことは、都市によって生息している鳥は違っていて、そして、それは少なからず、その都市の歴史を反映しているということです。

それがよくわかるのは、県庁所在地です。一般に県庁所在地というのは、その県で一番の都会です。となると鳥の種類は少なそうですが、むしろ県庁所在地の都市は生き物が豊かなことが多いのです。

その最大の理由は、例外はあるにせよ、県庁所在地は、かつての城があった場所であり、城を中心とした町づくりがなされているからです。城跡というのは、たくさんの木があり、地形的にも凸凹があります。藪もあり、濠もあり、異なる環境を内包しています。それがゆえに多種類の鳥の生息地になっているのです。実際、全国の城跡では、しばしば探鳥会が開かれています。

もし、今の県庁所在地に城が築かれるという歴史的背景がなければ、そこにいる鳥はまったく別のものになっていたはずです。

†神社とお寺の違い

城下町の話をしているので、お寺と神社の違いについても考えてみたいと思います。お寺と神社の違いを意識したことがあるでしょうか。

お寺にはたいてい立派な門があり、それをくぐって中に入ると鐘つき堂やお墓がありま す。そして本堂には仏像がいらっしゃいます。お寺の周囲は、多くの場合、塀で囲まれています。文字のごとく住職が住んでいることが普通です。お寺というのは、いわば、そこで生計を立てている方がいる個人宅といえます。人の家の敷地ですから、夜になると入れなくなるのが普通です。

一方、神社には門はありません。代わりに鳥居があります。それをくぐると、狛犬《こまいぬ》がいて、拝殿で柏手《かしわで》を打って神頼みをするところです。規模としては、無人の小さなお社から、巨大な神社まであります。そして大きな神木が残っていたりします。神社は塀で囲まれていないことが普通です。そして、夜も自由に入れます。

寺は仏教、神社は神道という異なる宗教の施設です。日本人の多くは、大みそかは寺に行って鐘をつき、日付が変わると神社に行って初詣をします。二つの宗教を気兼ねなく梯《はし》子《ご》できるなんともお得な宗教観を持っています。

寺と神社のこういった違いは、生息する鳥を変えます。たとえばですが、お寺にはしばしばスズメがいます。なぜなら人が住んでいるからです。しかし神社には、スズメがいないことがあります。無人なので、スズメにとっては住みつきにくいのです。

神社とお寺では、都市における空間的な配置にも違いがあります。地図を広げてみるとわかりますが、神社は、町の中にぽつぽつとあります。ある程度の大きさのコミュニティに対して、一つの神社が必要だからでしょう。

対して、お寺は、いくつか固まって寺町になっていることがあります。なぜ寺が固まっているかというと、一説には、寺というのは、戦国時代に戦闘用の館として使われることがあったからです。織田信長は本能「寺」で暗殺されましたが、寺には「舘」の機能があるので宿泊していたのです。寺に塀があるのも、そういった目的からといわれています。寺は、複数が固められて、城の弱い方角を守る防壁として配置されることもありました。たとえば、城の北側は山、東から南にかけては川があるが、西側の防備が弱い。そのときに、城の西に寺町が形成されるのです。

こういった配置も、鳥の生息に影響を与えます。お寺にはたいてい綺麗に整備された庭がありますが、ひとつひとつは小さくとも、寺町として固まることで鳥の良い生息地になっているのです。一方、神社は都市の中に散在する形で、鳥たちに棲みかを提供するのです。

日本には、仏教と神道という二つの宗教があり、それがそれぞれ異なる生息環境を鳥類に与えていることになります。仮にどちらか一方の宗教しかなかったら、都市に生息する鳥は異なっていたかもしれません。

†火災がもたらした生息地

城下町とは別の形で、歴史が都市に住む鳥に影響を及ぼす例があります。

私の職場は函館ですが、函館は、江戸末期の黒船来航に対して慌ててつくった比較的新しい町です。新撰組の土方歳三《ひじかたとしぞう》が最後に使った五稜郭《ごりょうかく》という要塞はあるのですが、その周囲に町が形成される時間はありませんでした。そのため社寺林《しゃじりん》のようなものはほとんどありません。しかし、函館を航空写真で見ると、ところどころに林の連続帯があります（口絵参照）。幅10メートル、長さは500メートル~1キロメートルもの緑の回廊になっています。その場所に行ってみると、道路の中央分離帯にあたるところに、さまざまな種類の木が植えられており、鳥の良い生息地になっています。これは防火帯です。函館は、風が強い町であり、過去に何度か大火がありました。そこで、火を防ぐための障壁として林が形成されたのです。

これも、都市の歴史が、鳥の生息場所をつくった例といえます。

こういった景観だけでなく、建物一つ一つが生息する鳥に影響を与えることもあります。たとえば、雪の多い地方では、瓦屋根は避けられる傾向があります。そのため、そういった地方では、スズメはあまり屋根に巣をつくっていません。対して、西日本は瓦屋根が多く、その屋根瓦に、たくさんのスズメが巣をつくっています。じゃあ雪の多い所にはスズメの巣が少ないかというと、別に巣をつくれる場所があります。積雪が多い地域では、雪によって道路の端がどこか分からなくなることがしばしばです。そこで、道路の上にポールが伸びていて、路肩の位置を明示する標識があるのですが、そのポールに穴があいていて、よくスズメが巣をつくっています。

写真34　積雪地方限定のスズメの巣場所（除雪用の道路標識を利用している）

これも、人がどうやってそこの風土の中でうまくやってくかを追求していった結果、鳥の生息環境に影響を与えている例だと思います。

都市の歴史・文化と鳥たち

こんな風に都市には様々な違いがあります。その違いをもたらすのは、その土地の風土、歴史、そして人の文化です。それが、予想もしない形で鳥の生息に影響を与えていて、我々はそれを観察できるのです。

大げさのようでいて、このことは実は当たり前です。なぜなら、都市というのは人間が歴史の中でつくり上げたものだからです。その都市を鳥たちが利用しているのですから、当然、都市の歴史は、そこに住む鳥たちに影響を与えます。

町の中にいる鳥を見分けたり、行動を見たりする際に、ご自身が住んでいらっしゃる町がどんな成り立ちをしていて、どこにどんな鳥がいるのかが分かれば、今よりずっと、町中で鳥を見る楽しさは増えると思います。この観点は結構マニアックかもしれませんが、頭の片隅にでも置いておいてもらえれば幸いです。

最後になりますが、町の中で鳥を見るというのは、楽しいものです。誰もが、町の中にいる鳥にちょいと目を向けて、それを楽しめる、そういった鳥たちが身近にいることに価値を感じられる、そして、どんな町をつくっていったらいいだろうかと、みんなが少しずつ知恵を出していける。そんな風になれば、日本の都市は、今よりもっと素敵な場所になるのではないかと思います。

おわりに

本書では、都市の中にいる鳥たちに目を向けてきましたが、最後になぜ私が都市の鳥に興味を持っているかということ、そして、本書の内容について、ちょっと言い訳を付け加えておこうと思います。

今一度、都市という環境を考えてみると、都市というのは、安定と変化の両方を兼ね備えた稀有な環境といえます。都市が安定した環境であるということは、本文でも述べました。台風が直撃しようとも、都市そのものはびくともしません。一方で、数十年、数百年という時間で考えてみると、すさまじい変化を遂げています。

たとえば、この100年で都市はありえなくくらい高層化しました。材質も工法も改良されていっています。道路の幅や規格も、車社会に対応して変化しています。日本には150年前にはなかった電柱も（1869年が最初と言われています）爆発的に増え、現在、日本全体で3300万本あるといわれています。

もちろん自然環境だって変化します。100年もあれば湿地が乾燥化して森林になります。しかし、それは、状態が変化するだけであって、湿地も森林も別の場所にはそもそもあったものです。しかし都市の場合は、絶えず、これまで存在しなかった状態へと変化しています。

そういう意味で都市は、この世のどこよりも特殊な環境といえます。そして、その変化にいくつかの鳥が対応し、暮らしているというのは興味深く、そのために、私は都市の鳥の研究をしています。

ですが、ただ楽しんでいるわけにもいきません。というのも、地球全体において人口増加にともない都市の面積は増大しているからです。都市が拡大すれば、当然、自然環境は消えていきます。

それゆえ、現在では、町の中でも、多様な生物がいる空間が求められるようになってきました。都市が拡大するのだから、その分、町の中でも生物の多様性を守る機能を持たせたほうがよいからです。さらに、人の生活の質、おもに精神面での質を向上させるためにも、無味乾燥な都市よりも、自然と触れ合える機会を持つ都市のほうが好まれるようになってきたからです。そんな必要性からも、都市の鳥を研究しています。

じゃあ、都市の鳥についてなんでも詳しいかと言われるとそうでもありません。本書では、都市に生息する何種かの生態についてまとめました。これは、私自身の観察・研究、既存の研究・文献を参考にしたものですが、誤りもあるかもしれません。というのも、本当のところは誰もわかっていないからです。

鳥は世界に9000種います。鳥の研究者は、このすべてを研究するわけではありません。そのうちの何種かを研究材料とします。ある鳥を研究対象として選ぶ理由はいろいろあります。ある仮説を検証したいためということもありますし、その鳥の持っている生態が面白くて研究をする場合もあります。保護が必要なためという場合もあれば、私のように、ある環境に注目して、そこに生息する鳥類を研究している場合もあります。

そうやって研究している人たちが、自分の研究対象である鳥について詳しいかというと、そんなことはありません。むしろ、研究では、その鳥の一側面だけを深く追求することが普通です。たとえば「この鳥は求愛するときに、なぜ、こんな奇妙な行動をするのだろう」という研究をした場合、必ずしもその鳥の一生について知っていなくても問題ないからです。

本当は全貌を知っていたほうがいいに決まっているのですが、ある種の一日、一年、一生の生態を調べようと思っても、容易ではありません。たとえば、植物であれば、その植物を一年続けて観察することはできるかもしれません。しかし、鳥の場合は、自由な翼を持ってどこにだって行ってしまいます。だから、断片の観察を総合して、「きっとこうだろうな」と推測している部分が多分にあります。

さらに言えば、観察できたってよくわからないこともあります。それを知っていただくために、次のような生物の生態を考えてみてください。

生態① その生物は、数個体の家族単位で、巣を持って生活しています。
生態② 基本的に昼行性で、朝になると巣から外へ出ていきます。
生態③ 巣から出ていく個体は、個体のサイズによって、その後の行動が異なります。小さな個体は、それぞれの巣から出て、近隣の小さな個体と一緒に群れ行動を始めます。群れで一緒に採食したりして一日すごし、夕方になると、群れを解散し、それぞれの個体はそれぞれの巣へと戻ります。
生態④ 大きな個体も、朝になると群れますが、小さな個体の群れとは異なり、群れサイズが小さく、また、群れの構成メンバーは、かなり遠方からも集まってきます。夜になると解散し、それぞれの個体は、それぞれの巣へと帰っていきます。

生態⑤ 大きな個体の中には、巣の中に、一日とどまるものもいます。

ただし次のような例外もあります。

例外① 一日中、巣から出ない日もあれば、家族単位で巣を離れて遠くへ出かけていく日もあります。

例外② 家族ではなく、一個体で生活している個体もいます。

例外③ 中には夜行性の個体もいて、夕方に起きて、巣の外に出て、朝になると巣に帰ってくる個体もいます。

と、いくらでも、この生物の生態について書くことができます。お気づきの方もいるかと思いますが、これは我々、人間の活動です。

たとえば、みなさんが地球にこっそりやってきた宇宙人で、日本人の生態を観察したとして、それで社会がわかるかというと、なんだかよくわからないはずです。先の話では、個体のサイズ（年齢）がわかっているから、なんとなく傾向が見えている気がしますが、もし、それすらわからなかったら、ほとんどこの生物は規則なく動いているように見えることでしょう。

鳥の研究もそのようなものなのです。特に鳥くらいになると、個体ごとに個性がありますから、人の観察と同じくらいやっかいです。だからこそ、面白い部分もあるのですけれど。

本書では、それぞれの生態について、曖昧なところは避けて、なるべくわかっている部分について述べるようにしたつもりです。が、今後の研究で誤りも見つかるかもしれませんし、地域によって異なっているかもしれません。そのあたりは、ご容赦いただければと思います。自分で観察してみると、違った事実も見つかって面白いかと思います。

ところで、大分、原稿が出来上がってから気づいたのですが、本書の構成は、私もよくお世話になっている日本野鳥の会の安西英明さんが書かれた『スズメの少子化、カラスのいじめ』（ソフトバンク新書）によく似ていました。意図的に真似たつもりはなかったんですが、都市の代表的な鳥である、スズメ、ハト、カラスについて書くとこうなってしまうのです。ありがたいことに安西さんには、事前にお許しを頂けました。なお、構成は似ていますが、書いてある内容は大分異なりますので、安西本と本書、両方を読むとよりよくスズメ、ハト、カラスについてわかってもらえるのではないかと思います。なお、ポジティブに考えると、安西さんの本は好評だったので、この構成は良いのかもしれません。私の本も多くの方に読んでもらえるといいんですけれど……。

第6章については、書くのに覚悟が要りました。私は、ただ鳥のことを見て、あーだこーだ言っているのが好きでして、あまり価値観について踏み込みたくはないのです。しかし、何かの参考になればと思い書きました。反論もあると思います。多様な考えの一つだと思っていただければ幸いです。

お礼をいくつか述べさせてください。この本を作るにあたり、筑摩書房の河内卓さんから、初めに丁寧な依頼のお手紙をいただきました。その後もさまざまと本が良くなるようにと骨を折ってくださいました。イラストレーターのてばさきさんには、素敵なイラストを描いていただきました。たぶん、普通の人にとってはどうでもいいような細かいところまで、こちらの意図を汲んで修正してくださいました。それから、私が文章を書くときはいつもそうですが、今回も妻の三上かつらに原稿を細かくチェックしてもらいました。このお三方にお礼申し上げます。そして、本書の内容については、文科省の科学研究費の成果が含まれています。これは税金ですので、みなさまにお礼申し上げます。

私事ですが、この本を書いている途中に、岩手から北海道（函館）へと引っ越しました。函館は良い町です。おいしいものもたくさんありますし、変わった地形、変わった歴史をもっています。加えて、蔦屋書店があったことは、この原稿を進める上で大きな助けになりました。函館にある蔦屋書店は、私がこれまで入ったことのある本屋の中で群を抜いて素敵な空間です。ゆったりと、ほこほこと、がちゃがちゃ、が同居した空間です。本を書くのは楽しくも、つらい作業なのですが、蔦屋書店内のスタバと喫茶店を使うことで、なんとか達成できました。本書が出たら、この蔦屋書店で、今度は原稿など書かずにゆったりと過ごしたいと思います。

二〇一五年一〇月

三上　修

写真出典一覧

口絵キジバト、写真１、写真12（下）

内田博

口絵カラスバト、口絵アオバト、写真12（上）、写真20、写真22、写真26

フォトライブラリー

写真11、写真15、写真19、写真21、写真23（上）、写真33

PIXTA

写真13

jim gifford/flickr

写真14

tmass/stock.foto

写真17

Jorgeta/stock.foto

写真32

バードリサーチ

その他は、著者による撮影。

主要参考文献

安西英明『スズメの少子化、カラスのいじめ――身近な鳥の不思議な世界』ソフトバンク新書、2006年
池田真次郎『日本の野鳥――鳥の生態とハンターガイド』白揚社、1962年
上田恵介『花・鳥・虫のしがらみ進化論――「共進化」を考える』築地書館、1995年
内田清之助・金井紫雲『鳥』三省堂、1929年
影山昇「平塚らいてうと奥村博史――愛の共同生活と成城教育」『成城文藝』174号、104-159頁、2001年
加藤貴大・松井晋・笠原里恵・森本元・三上修・上田恵介「都市部と農村部におけるスズメの営巣環境、繁殖時期および巣の空間配置の比較」『日本鳥学会誌』第62巻、16-23頁、2013年
金子凱彦『銀座のツバメ』学芸みらい社、2013年
金子浩昌・佐々木清光・小西正泰・千葉徳爾『日本史のなかの動物事典』東京堂出版、1992年
加茂儀一『家畜文化史』法政大学出版局、1973年
唐沢孝一『スズメのお宿は街のなか――都市鳥の適応戦略』中公新書、1989年
唐沢孝一『都市鳥ウォッチング――平凡な鳥たちの非凡な生活』講談社ブルーバックス、1992年

唐沢孝一『都市の鳥——その謎にせまる』保育社、1994年
川内博『大都会を生きる野鳥たち——都市鳥が語る ヒト・街・緑・水』地人書館、1997年
北村亘『ツバメの謎——ツバメの繁殖行動は進化する⁉』誠文堂新光社、2015年
黒岩比佐子『伝書鳩——もうひとつのIT』文春新書、2000年
小林清之介『スズメの四季』文藝春秋新社、1963年
阪倉篤義『今昔物語集——本朝世俗部四』新潮社、1984年
杉田昭栄『カラス——おもしろ生態とかしこい防ぎ方』農山漁村文化協会、2004年
杉森文夫・久米宗男「ドバト *Columba livia var.* の放鳥実験」『山階鳥類研究所応用鳥学集報』第3巻、10 - 14頁、1983年
竹田津実『家族になったスズメのチュン』偕成社文庫、2006年
中尾弘志「北海道におけるキジバトの生息密度と繁殖成功率の変動」『日本応用動物昆虫学会誌』第28巻、193 - 200頁、1984年
中村司『渡り鳥の世界——渡りの科学入門』山日ライブラリー、2012年
仁平義明「ハシボソガラスの自動車を利用したクルミ割り行動のバリエーション」『日本鳥学会誌』第44巻、21 - 35頁、1995年
農商務省農務局編『鳥獣調査報告 第一號 雀類ニ関スル調査成績』農商務省農務局、1923年
羽田健三編著『鳥類の生活史』築地書館、1986年
樋口広芳・黒沢令子編著『カラスの自然史——系統から遊び行動まで』北海道大学出版会、2010年
日高敏隆監修『日本動物大百科 第4巻 鳥類Ⅱ』平凡社、1997年
平塚雷鳥『元始、女性は太陽であった——平塚らいてう自伝』上・下・続、大月書店、1971年〜19

７２年
藤岡正博・中村和雄『鳥害の防ぎ方』家の光協会、２０００年
藤田祐樹『ハトはなぜ首を振って歩くのか』岩波科学ライブラリー、２０１５年
堀田正敦著・鈴木道男編著『江戸鳥類大図鑑――よみがえる江戸鳥学の精華『観文禽譜』』平凡社、２００６年
堀内讃位『鳥と猟』昭森社、１９４５年
松田道生『江戸のバードウォッチング』あすなろライブラリー、１９９５年
松田道生『カラス、なぜ襲う――都市に棲む野生』河出書房新社、２０００年
松田道生『大江戸花鳥風月名所めぐり』平凡社新書、２００３年
松原始『カラスの教科書』雷鳥社、２０１３年
三上修「日本にスズメは何羽いるのか?」『Bird Research』第4巻、A19‐A29、２００８年
三上修「日本におけるスズメの個体数減少の実態」『日本鳥学会誌』第58巻、１６１‐１７０頁、２００９年
三上修「スズメはなぜ減少しているのか?――都市部における幼鳥個体数の少なさからの考察」『Bird Research』第5巻、A１‐A8、２００９年
三上修「スズメを日本版レッドリストに掲載すべきか否か」『生物科学』第61巻、１０８‐１１６頁、２０１０年
三上修『スズメの謎――身近な野鳥が減っている!?』誠文堂新光社、２０１２年
三上修『スズメ――つかず・はなれず・二千年』岩波科学ライブラリー、２０１３年
三上修・植田睦之・森本元・笠原里恵・松井晋・上田恵介「都市環境に見られるスズメの巣立ち後のヒナ

数の少なさ〜一般参加型調査 子雀ウォッチの解析より〜」『Bird Research』第7巻、Ａ１‐Ａ12、２０１１年
三上修・三上かつら「スズメの盗蜜によるサクラへの害を定量化する方法」『Bird Research』第6巻、Ｔ11‐Ｔ21、２０１０年
三上修・森本元「標識データに見られるスズメの減少」『山階鳥類学雑誌』第43巻、23‐31頁、２０１１年
森本幸裕編著『景観の生態史観——攪乱が再生する豊かな大地』京都通信社、２０１２年
柳田国男『野草雑記・野鳥雑記』岩波文庫、２０１１年
柳澤紀夫・川内博「明治神宮の鳥類 第2報」『鎮座百年記念 第二次明治神宮境内総合調査報告書』１６６‐２２１頁、２０１３年
山階鳥類研究所『ドバト害防除に関する基礎的研究』山階鳥類研究所、１９７９年
吉原謙以知『レース鳩——知られざるアスリート』幻冬舎ルネッサンス、２０１４年
Darwin C, *The origin of species by means of natural selection or, The preservation of favoured races in the struggle for life*, 6th Edition, John Murray, London, 1872
Gill FB, *Ornithology*, Third Edition, W.H.Freeman & Co., 2007
Niemelä J et al., *Urban ecology: patterns, processes, and applications*, Oxford University Press, 2011
Sims V et al., Avian assemblage structure and domestic cat densities in urban environments, *Diversity and Distribution*, vol. 14, 387-399, 2008
Summers-Smith JD & Gilmor R, *The Tree Sparrow*, J.Denis Summers-Smith, 1995
Summers-Smith JD, *On sparrows and man: a love-hate relationship*, J. Denis Summers-Smith, 2006

Taylor AH & Gray RD, Animal Cognition: Aesop's Fable Flies from Fiction to Fact, *Current Biology*, vol. 19, R731-R732, 2009

「東京五輪物語　開会式のハト　平和の空、みんな見上げた」『朝日新聞デジタル』朝日新聞社、２０１４年8月16日

「〝ドバト〟公害を考える」『全仏』第２６７号、全日本仏教会、１９８１年

「ドバトによる被害の防止について」環境省ホームページ https://www.env.go.jp/hourei/18/000295.html

ちくま新書
1157

身《み》近《ぢか》な鳥《とり》の生活《せいかつ》図《ず》鑑《かん》
二〇一五年一二月一〇日 第一刷発行

著者 三上修（みかみ・おさむ）
発行者 山野浩一
発行所 株式会社 筑摩書房
東京都台東区蔵前二-五-三 郵便番号一一一-八七五五
振替〇〇一六〇-八-四一二三
装幀者 間村俊一
印刷・製本 三松堂印刷 株式会社

乱丁・落丁本の場合は、左記宛にご送付下さい。
送料小社負担でお取り替えいたします。
ご注文・お問い合わせも左記へお願いいたします。
〒三三一-八五〇七 さいたま市北区櫛引町二-六〇四
筑摩書房サービスセンター 電話〇四八-六五一-〇〇五三

ISBN978-4-480-06859-0 C0245

ちくま新書

339
「わかる」とはどういうことか
——認識の脳科学
山鳥重
人はどんなときに「あ、わかった」「わけがわからない」などと感じるのか。そのとき脳では何が起こっているのだろう。認識と思考の仕組みを説き明す刺激的な試み。

434
意識とはなにか
——〈私〉を生成する脳
茂木健一郎
物質である脳が意識を生みだすのはなぜか？　すべてを感じる存在としての〈私〉とは何ものか？　人類に残された究極の問いに、既存の科学を超えて新境地を展開！

570
人間は脳で食べている
伏木亨
「おいしい」ってどういうこと？　生理学的欲求、脳内物質の状態から、文化的環境や「情報」の効果まで、さまざまな要因を考察し、「おいしさ」の正体に迫る。

795
賢い皮膚
——思考する最大の〈臓器〉
傳田光洋
外界と人体の境目——皮膚。様々な機能を担っているが、驚くべきは脳に比肩するその精妙で自律的なメカニズムである。薄皮の秘められた世界をとくとご堪能あれ。

1018
ヒトの心はどう進化したのか
——狩猟採集生活が生んだもの
鈴木光太郎
ヒトはいかにしてヒトになったのか？　道具・言語の使用、文化・社会の形成のきっかけは狩猟採集時代にあった。人間の本質を知るための進化をめぐる冒険の書。

942
人間とはどういう生物か
——心・脳・意識のふしぎを解く
石川幹人
人間とは何だろうか。古くから問われてきたこの問いに、認知科学、情報科学、生命論、進化論、量子力学などを横断しながらアプローチを試みる知的冒険の書。

958
ヒトは一二〇歳まで生きられる
——寿命の分子生物学
杉本正信
ストレスや放射能、病原体に打ち勝ち長生きする力は誰にでも備わっている。長寿遺伝子や寿命を支える免疫・修復・再生のメカニズムを解明。長生きの秘訣を探る。

ちくま新書

1137 たたかう植物 ――仁義なき生存戦略 稲垣栄洋

じっと動かない植物の世界。しかしそこにあるのは穏やかな癒しなどではない！　昆虫と病原菌と人間の仁義なきバトルに大接近！　多様な生存戦略に迫る。

879 ヒトの進化　七〇〇万年史 河合信和

画期的な化石の発見が相次ぎ、人類史はいま大幅な書き換えを迫られている。つい一万数千年前まで生きていた謎の小型人類など、最新の発掘成果と学説を解説する。

954 生物から生命へ ――共進化で読みとく 有田隆也

「生物」＝「生命」なのではない。共進化という考え方、人工生命というアプローチを駆使して、環境とのかかわりから文化の意味までを解き明かす、一味違う生命論。

068 自然保護を問いなおす ――環境倫理とネットワーク 鬼頭秀一

「自然との共生」とは何か。欧米の環境思想の系譜をたどりつつ、世界遺産に指定された白神山地のブナ原生林を例に自然保護を鋭く問いなおす新しい環境問題入門。

1095 日本の樹木〈カラー新書〉 舘野正樹

暮らしの傍らでしずかに佇み、文化を支えてきた日本の樹木。生物学から生態学までをふまえ、ヒノキ、ブナ、ケヤキなど代表的な26種について楽しく学ぶ。

584 日本の花〈カラー新書〉 柳宗民

日本の花はいささか地味ではあるけれど、しみじみとした美しさを漂わせている。健気で可憐な花々は、知れば知るほど面白い。育成のコツも指南する味わい深い観賞記。

952 花の歳時記〈カラー新書〉 長谷川櫂

花を詠んだ俳句には古今に名句が数多い。その中から選りすぐりの約三百句に美しいカラー写真と流麗な鑑賞文を付し、作句のポイントを解説。散策にも必携の一冊。